# 城市绿地建设实施模式研究

## ——以武汉市为例

方可　哈思杰　杨麟　武静　傅倩 / 著



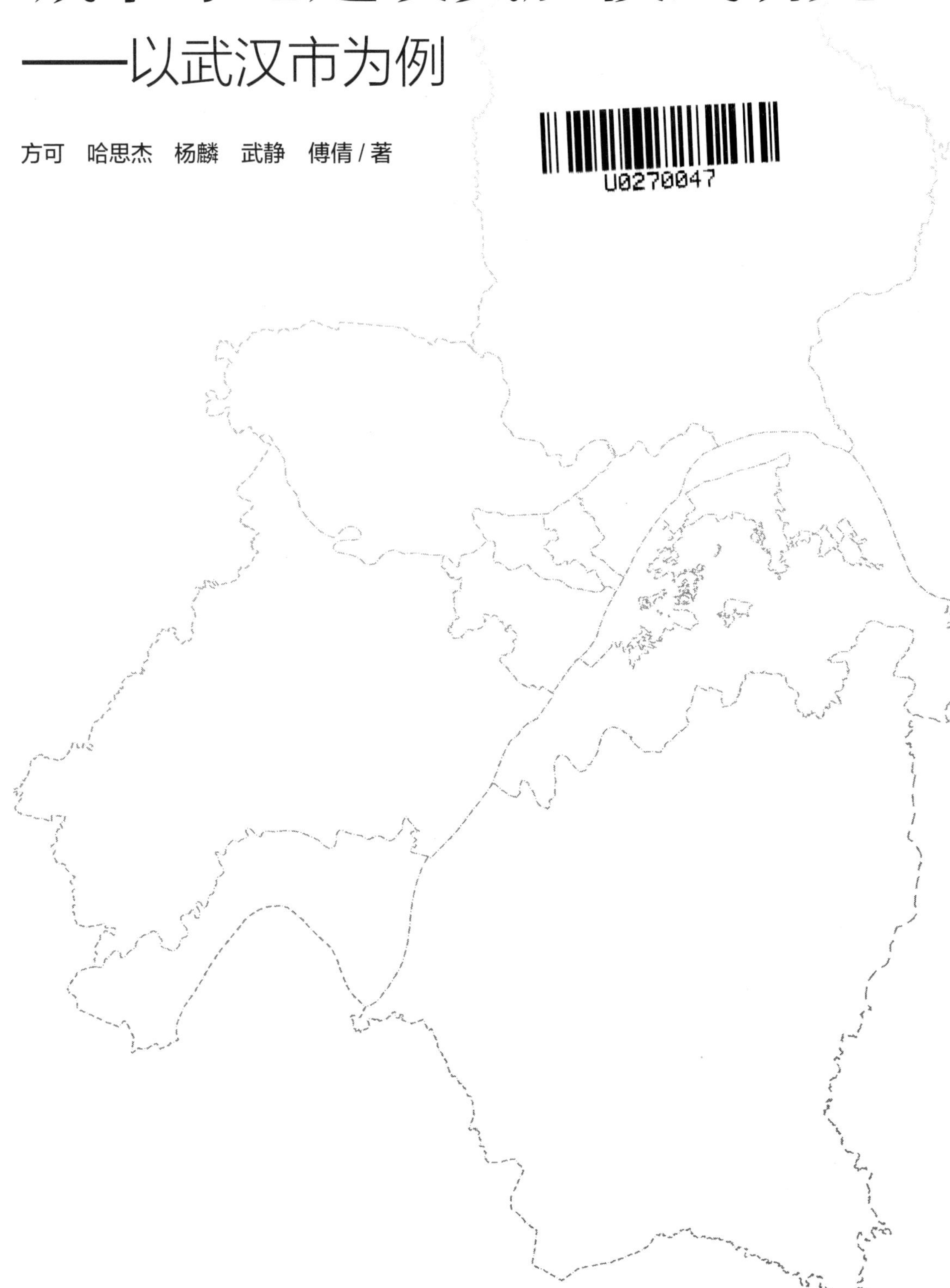

中国建筑工业出版社

**图书在版编目（CIP）数据**

城市绿地建设实施模式研究：以武汉市为例 / 方可等著. — 北京：中国建筑工业出版社，2019.9
ISBN 978-7-112-23973-3

Ⅰ. ①城… Ⅱ. ①方… Ⅲ. ①城市绿地 — 绿化规划 — 研究 — 武汉 Ⅳ. ① TU985.263.1

中国版本图书馆CIP数据核字（2019）第141128号

责任编辑：刘　丹
责任校对：张惠雯

城市绿地建设实施模式研究——以武汉市为例
方可　哈思杰　杨麟　武静　傅倩　著
*
中国建筑工业出版社出版、发行（北京海淀三里河路9号）
各地新华书店、建筑书店经销
北京点击世代文化传媒有限公司制版
北京建筑工业印刷厂印刷
*
开本：787×1092毫米　1/16　印张：10½　字数：152千字
2019年10月第一版　2019年10月第一次印刷
定价：58.00 元
ISBN 978-7-112-23973-3
（34266）

# 序

绿地是城市的肺泡，目前，面对城市化进程中暴露出的绿地建设实施方面的诸多问题，国内许多城市对绿地的规划、建设、实施和管理都开展了相关深入的研究。实践证明，促进城市绿地的建设水平提升，不但要有现状问题分析，更需要有实践经验的总结，并在此基础上提出能切实指导绿地实施的创新模式进行理论提升，才能真正实现理论指导实践的实质性跨越。

初夏时节，我有幸阅览了《城市绿地建设实施模式研究——以武汉市为例》，这本书的作者来自城市规划部门和园林设计部门，他们在紧张的工作之余，笔耕不辍，结合他们多年来的工作实践和对城市建设的理解，将对城市绿地从设计到建设、从理论研究到实施过程中的一点点感悟汇聚成册。从事一线设计和管理的人员，实践工作经验丰富，能将自己的心得辑文成册很有必要，这就好像把实践工作感悟变成一颗颗基石，在专业发展上不断铺就伸向未来的道路。这些思考不仅是对作者日常工作的总结，更是对国内外城市绿地建设实施模式探索实践的经验提炼，成果内容是一笔宝贵的财富。

由于采用了跨专业的合作形式，这本书对于城市绿地建设的研究角度十分独到，不仅从公共经济管理的视角分析了城市绿地为城市提供公共服务的经济学原理，而且从城市规划的角度分析了我国当前落实城市绿地专项规划的体制与机制支撑，同时还从园林及绿化专业的角度分析了城市绿地的生态、景观、休闲功能以及未来可提升的方向。这本书的内容图文并茂，既有大量的数据分析，又有相对翔实的案例剖析，同时，对当前城市绿地建设实施中表现突出的问题进行深入探讨，深入浅出，既可作为城市建设与管理行业的理论指导，又可作为规划与园林设计人员开展工作的方向指引。

莎士比亚曾说过“书籍是人类知识的总结”，这本书是作者在实践工作中经过一定的沉淀，并进行反复提炼和推敲而形成的精华，其研究结论不一定权威，但有关成果为专业人员提供了可以交流的载体，同时，书中对国内外案例的分析研究内容较为翔实，也为业内同行提供了大量“干货”，具有较强的实践借鉴意义。这本书花费作者大量心血而形成，其在实践中具有较强的借鉴与指导作用，这既是作者的初衷，也是书籍作为传播媒介本质属性的具体体现。

我能为这本书作序深感荣幸，希望在当前国土空间规划改革的大背景下，这本书能在形式和内容上都能发挥出一定的借鉴作用与指导意义，在一定程度上有助于解决城市绿地建设实施过程中遇到的问题，使城市绿地这一与老百姓生活息息相关的城市功能空间发挥出更大的生态、景观和生活服务效益。

万艳华

中国城市规划学会乡村规划与建设学术委员会学术委员
湖北省村镇建设协会副理事长
湖北省风景园林学会常务理事
华中科技大学建筑与城市规划学院教授、博士生导师

# 目录

# 1 导言

## 1.1 研究背景

随着我国城市化进程的加快和人民生活水平的提高，公众对城市生态环境、绿化水平及良好生活条件的要求已提高到一个新的层面，而当前一些城市中出现的环境品质下降、居民活动场所规模不足的问题依然很突出。面对着需求与现实之间存在的差距，国家和一些地方政府正进行着城市环境改善模式的相关探索。中国共产党第十九次全国代表大会报告明确提出，要建设的现代化是人与自然和谐共生的现代化，既要创造更多物质财富和精神财富，以满足人民日益增长的美好生活需要，也要提供更多优质的生态产品以满足人民日益增长的优美生态环境需要①。这为未来中国的生态文明建设和绿色发展指明了方向。

武汉市总面积 8569km$^2$，常住人口 1033.80 万，是国家园林城市、国家森林城市。在“十二五”期间，武汉以创建文明城市和举办武汉园博会为契机，坚持高位推动、工程带动、政策驱动、投入拉动，深入实施“一园多点、一点全域”战略，启动了一批园林绿化和生态工程的建设，实现全市园林绿化品质大提升、城市景观大变样，全市现有林地面积超过 250 万亩，森林覆盖率约 27.5%，森林蓄积量达到 700 万 m$^3$ 以上。武汉虽在城市绿地建设上取得了可喜的成效，但仍存在绿线管控刚性不强、园林绿化惠民不足、养护管理力度欠缺和融资渠道相对狭窄等问题，非法侵占、使用、“不建、少建、占建”现象严重，绿地空间分布不均，服务半径不足，绿地覆盖存在盲区，绿化市场管理机制不完善，园林环卫设施养护管理费用仍处于较低水平等方面的问题仍然很突出。

目前，为了让公众更好地享受城市建设和发展的成果，与武汉市相类似，国内越来越多的城市大规模实施城市绿地建设，不断提升城市环境品质，为城市居民提供更优质的城市绿地。但由于近些年来欠账太多，一些城市在实施大规模绿地建设和环境品质提升的过程中，政府的财政负担日益加重，城市绿地建设的资金问题显得更加突出，同时，由于经济利益驱使，普遍存在着城

---

① 方世南. 建设人与自然和谐共生的现代化 [Z]. 理论视野，2018（2）：5-5.

市绿地被挪作他用的现象。在城市相关政策法规无法有效协调公共利益与私人利益之间关系的时候，城市政府往往趋利于短期内的城市土地经济效益，更倾向于将有限的城市土地用作非绿化类的房地产开发，最终牺牲了公众的利益。

面对城市大规模绿地建设中暴露出来的一系列问题，为了辨别现象后面的本质，找到寻求解决矛盾的合理路径，有必要从城市绿地本质属性出发，寻求城市绿地建设合理的模式，从而使城市绿地应发挥的公共效益达到最大化。本项研究从规划、建设和管理等多方面进行综合分析，力图解决绿地建设、实施和管理环节中所面临的问题。其积极意义在于以下几方面：一是以跨学科的方法来分析研究，辨别现象后面的本质，找到改善城市绿地建设实施的正确路径。二是实现城市绿地建设的良性循环，探索城市绿地系统建设的新路径，从而使公共效益达到最大化，对优化城市绿地资源空间配置具有重要而深远的意义。三是从公共管理的视角找到改善城市绿地建设实施的合适方法。

## 1.2 研究方法和技术路线

### 1.2.1 研究思路

随着公民意识的不断增强，公共产品的生产及供给越来越受到重视，国内外关于公共产品的理论研究也取得了一定的成果。本文以城市绿地为研究对象，立足于现状问题分析，突出理论研究的重要地位，采取理论与实际相结合的方法，从公共经济管理的角度，研究城市绿地建设实施过程中在规划价值取向、实施方式、制度建设、管理机制等方面存在的问题。在此基础上，对以上问题进行分析，并广泛借鉴国外公共产品供给的成功经验，以及国内外城市绿地建设实施的先进模式，提出提高城市绿地配置效率的途径。

### 1.2.2 结构安排

本文结构安排总体上共分为提出问题、分析问题和解决问题三大部分。

1. 提出问题

包括导言、城市绿地的属性分析、新中国成立后我国城市绿地建设历程回顾、武汉市主城区城市绿地建设现状四个章节，系统地提出城市绿地建设实施中所面临的问题，为后续理论分析进行铺垫。

2. 分析问题

包括城市绿地建设模式及其经验借鉴、转型期城市绿地规划建设面临的新形势两个章节，从公共经济管理的理论角度分析当前城市绿地建设实施中存在的问题，并广泛研究国内外在公共产品供给和城市绿地建设中的成功经验。

3. 解决问题

包括基于服务效用优先的城市绿地建设实施模式探索、改进城市绿地建设实施模式的路径、展望和结语四个章节，提出解决问题的方法途径，从而为城市绿地的建设实施提供科学指引。

### 1.2.3 研究方法

1. 调查法

调查法是在各类研究分析中比较常见的方法之一，此种方法通过系统搜集现状及历史相关资料信息，掌握城市绿地的现实状况和历史发展演变情况。调查法的手段主要包括综合运用观察、现场踏勘等方法，对城市绿地的规划、建设、实施及管理情况进行详细和周密的了解。本次在对城市绿地的满意度和使用方式的调查中采用问卷调查法。

2. 观察法

观察法是研究人员确定研究目标，制定研究提纲，并通过自己的感官对研究对象进行观察，从而获得第一手资料，并进行整理分析，为研究提供支撑。本项研究中研究人员通过大量现场踏勘和实地走访，有明确的目的性和计划性，掌握第一手资料，为研究提供翔实的基础支撑。

3. 定量分析法

定量分析法是对研究对象的数量特征进行具体量化及指标分析的方法，从数量上进行研究和分析。在本次城市绿地及其实施情况的研究中，通过定量分析法对城市绿地的建设总量、人均指标以及绿地的服务范围进一步精确化，以便更加科学地揭示城市绿地的建设实施规律，对存在的问题进行研究分析，找到合适的建设实施路径。

4. 跨学科研究法

通过跨学科的理论和研究成果拓展工作思路，从整体上以不同的视角对某一问题进行综合分析。在本次研究中，通过城市规划、公共管理、风景园林以及景观设计等研究角度的分析，对城市绿地的建设实施情况及存在的问题进行综合分析判断，从而建立起跨学科的研究路径，为全面提升城市绿地的建设实施水平进行探索。

5. 案例研究法

案例研究法是通过对典型案例的剖析和归纳，弄清某一现象的特点及其问题形成机理。在本次城市绿地实施研究中，通过选取国内外相关城市的城市绿地规划实施情况进行案例分析、解剖，找出城市绿地建设实施过程中具有代表性的问题，为寻求城市绿地建设实施合理的路径提供有力支撑。

### 1.2.4 技术路线

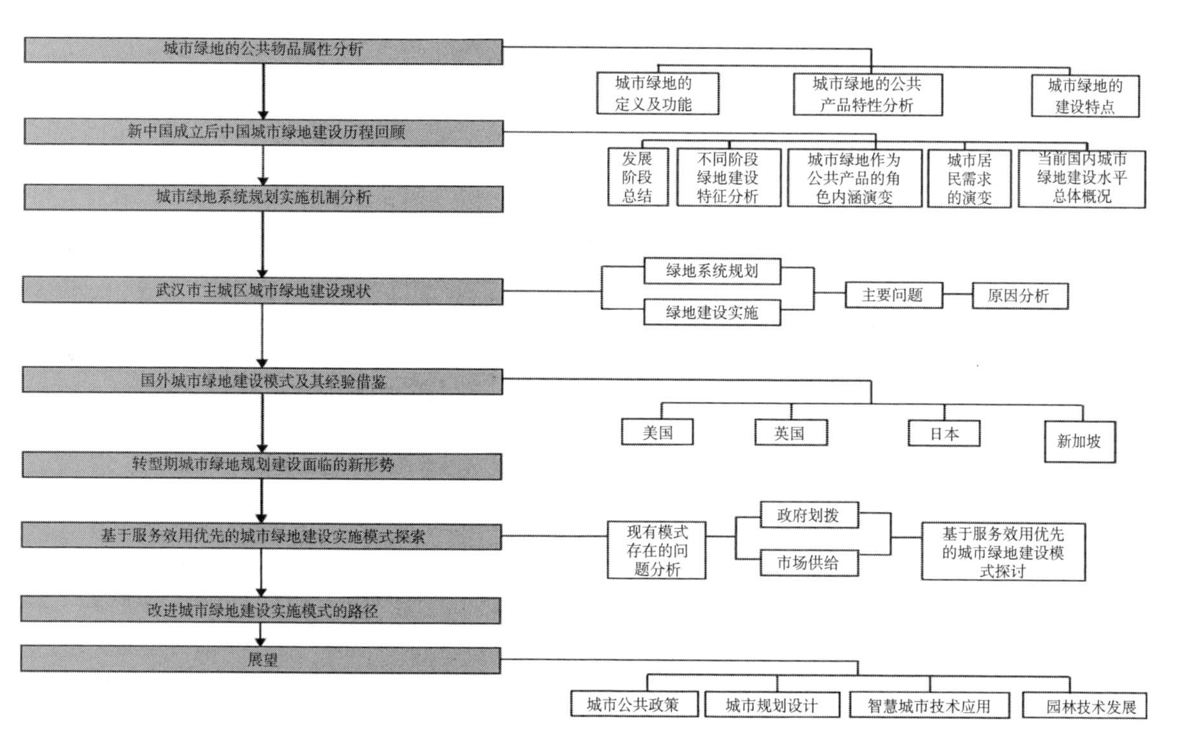


图 1-1 研究技术路线图

2

# 城市绿地的属性分析

# 2.1 城市绿地的定义及功能

## 2.1.1 城市绿地定义及分类

城市绿地的概念有广义和狭义之分。狭义的城市绿地是指城市中面积较小、设施较少的绿色空间；广义的城市绿地是指城市规划区范围内的各种被植被覆盖的土地、空旷地和水体的总称[①]。根据《园林基本术语标准》中对城市绿地的定义，城市绿地是“以植被为主要存在形态，用于改善城市生态，保护环境，为居民提供游憩场地和美化城市的一种城市用地[②]”。

由分布在城市中的绿地构成的城市绿地系统，由五大类所组成，即公共绿地、居住区绿地、生产绿地、防护绿地和其他绿地。

其中，公共绿地是指以游憩为主要功能，兼具生态和城市美化作用，向城市公众开放的绿地，包括城市公园、风景名胜区公园、主题公园、社区公园、广场绿地、动植物园林、森林公园、带状公园和街旁游园等。

居住区绿地是附属于居住区范围，用来满足居民对空间绿化和居住环境美化需求的城市绿地，包括居住区公共绿地、居住区道路绿地和宅旁绿地[③]。

生产绿地主要指为城市绿化提供绿色植物生产的苗圃、花圃、草圃等圃地，是城市苗木、树种、花卉等绿化材料的重要来源[④]。

防护绿地是指起到防护功能的城市绿地，包括城市卫生隔离带、道路防护绿地、城市高压走廊防护绿带等[⑤]。

其他绿地是指对城市生态环境质量、居民休闲生活、城市景观和生物多样性保护有直接影响的绿地，包括风景名胜区、水源保护区、自然保护区、风景林地、湿地、垃圾填埋场恢复绿地等。

---

① 李娟. 济源市绿地系统景观生态规划研究 [D]. 焦作：河南理工大学，2007.

② 谢宇. 川南地区地级城市绿地系统现状调查与规划评价 [D]. 重庆：西南大学，2010.

③ 胡景诚. 株洲市居住区绿化研究 [D]. 长沙：中南林业科技大学，2006.

④ 许克福. 城市绿地系统生态建设理论、方法与实践研究 [D]. 合肥：安徽农业大学，2008.

⑤ 昝少平，朱颖，魏月霞. 乌鲁木齐市已建园林绿地系统现状及其特点分析 [J]. 干旱区研究，2006.

### 2.1.2 现代城市绿地发展历程

现代城市绿地起源于西方国家，相较于早期“园林”最大的区别便是强调的是其社会公共性，不论中国还是西方社会，早期园林都是以私家园林为主，其本身不存在现代意义上公共产品的属性。提前进入工业时代的西方国家，早期的园林都是以私人性质的皇家园林为主，直到文艺复兴时期，欧洲各国的不少皇家园林开始定期向公众开放，如伦敦的皇家花园（Royal Park），但总体来讲其仍是明显的私人属性。某种意义上来讲，城市公园绿地也是近代城市一系列变革发展衍生的产物，依照西方现代城市发展历程以及相关学者的理论研究，公园的建设发展、现代城市绿地的发展大致可分为以下几个阶段。

1. 公园运动（1843 ~ 1887 年）

英国第二次工业革命之后，随着大量的工业建设发展导致城市人口急剧增加，在经济高速发展的同时，一些城市矛盾，特别是卫生及健康问题严重恶化，而由此从 1833 年起，英国相继颁布了一系列法案以改善环境、社会问题，并由此开始准许动用税收建造包括城市公园在内的城市基础设施。1843 年，英国城市利物浦通过税收建造了第一个向公众免费开放的城市公共绿地——伯肯海德公园[①]。此后，至 19 世纪下半叶，在欧美国家深入开展的“公园运动”是基于保障公众健康、体现浪漫主义以及提高劳动者工作效率的城市绿化建设行动，并由此掀起了第一次城市公园建设的高潮。

2. 公园体系（1880 ~ 1898 年）

1871 年发生的芝加哥大火事件让人们意识到以公园绿地为主导的开敞空间对于城市建设的重要性，其后在 1875 年，波士顿通过《公园法》进一步强化了城市公园作为城市基础设施的重要性，对公园体系中各类自然要素空间进行了明确界定，并通过带状绿化将公园相连形成体系[②]，在城市中心区构成了特色鲜明、景观优美的公园体系。波士顿公园体系对此后欧美城市绿地发展产生了深远影响，其规划思想在美国发展成为城市绿地系统规划的一项重要原则。

3. 城市变革（1898 ~ 1946 年）

19 世纪与 20 世纪之交，针对当时社会主要矛盾，人们开始

① 张浪 . 特大型城市绿地系统布局结构及其构建研究 [D]. 南京：南京林业大学，2007.
② 刘立明 . 城市滨水公园景观研究 [D]. 南京：东南大学，2004.

质疑一些城市发展无限扩展的弊端，该时期包括霍华德的田园城市理论、沙里宁的有机疏散理论等对当时的绿地建设理论起到了深远影响。英国议会于20世纪30年代通过了绿带法案[①]，并在伦敦规划中落实了相关规划内容。根据该规划，环绕伦敦形成一道宽达5mi的绿带。1955年，又将该绿带宽度增加到6 ~ 10mi。

4. 战后发展（1945 ~ 1970年）

第二次世界大战以后，欧亚各国的重心逐步回到家园重建当中，其建设基本也都延续了战前时期的各类理论研究成果，城市绿地建设迈入了建设高潮。值得一提的是莫斯科绿地系统较为全面地吸收了当时世界城市的发展经验。20世纪30年代，莫斯科市批准的城市总体规划中，明确在莫斯科外围建立约10km宽的“森林公园带”，苏联政府在20世纪60年代将莫斯科周边的“森林公园带”扩大到15km左右[②]。

5. 生态意识（1970 ~ 1990年）

1970年代初，全球兴起保护生态环境的高潮，1971年11月联合国召开了人类与生物圈计划（MAB）国际协调会，1972年在瑞典斯德哥尔摩召开的第一次世界环境会议通过了《人类环境宣言》[③]。在生态思想的影响下，世界各国开始重视城市绿地建设，此阶段城市生态园林理论与实践探索相结合的趋势较为明显。

6. 多元网络化（1990年以来）

1992年联合国召开的环境发展大会上，一百多个国家共同签署了《生物多样性公约》[④]，明确了生物多样性保护成为政府工作的重要内容和责任。绿地系统由此更加强调与生物多样性之间的关系，其绿地的空间布局、植被选择以及尺度等设计均更加强化了生态保护与生物多样性的要求。

### 2.1.3 城市绿地的功能

#### 2.1.3.1 生态功能

1. 净化空气

城市空气中含有大量尘埃、油烟、炭粒等。国外相关研究表明，

① 王巧．基于减灾理念下的温黄平原城市绿地规划与设计研究 [D]. 武汉：华中农业大学，2010.
② 苏薇．开放式城市公园边界空间设计研究初探 [D]. 重庆：重庆大学，2007.
③ 姜子峰．城市绿地外部经济效应内部化 [D]. 南京：南京林业大学，2009.
④ 兰伟．两种野生菊缓慢生长离体保存研究 [D]. 南京：南京农业大学，2009.

构成城市绿地的绿色植物对空气中的烟尘和粉尘有明显的过滤和吸附作用。城市绿地中树木的叶面、枝干能拦截空中的微粒，道路绿化能过滤掉 70% 的污染物，公园绿地能过滤掉大气中 80% 的污染物[①]。

2. 净化水体

城市水体污染源，主要有工业废水、生活污水、降水径流等。城市中大气降水形成地表径流，冲刷和带走了大量地表污物，其成分和水的流向难以控制，许多则渗入土壤，继续污染地下水。而城市绿地中水生植物和沼生植物对净化城市污水有明显作用，如在种有芦苇的水池中，其水的悬浮物、氯化物、有机氮、磷酸盐等物质含有量有大幅下降。另外，草地可以大量滞留许多有害的金属，吸收地表污物；树木的根系可以吸收水中的溶解质，减少水中细菌含量。

3. 净化土壤

城市绿地中的植物地下根系具有吸收土壤中大量有害物质的能力。有植物根系分布的土壤，好气性细菌比没有根系分布的土壤多几百倍至几千倍，故能促使土壤中的有机物迅速无机化。因此，既净化了土壤，又增加了肥力。

4. 防止水土流失

植物具有防止水土流失的作用早在很久以前就得到认可。绿地的科学利用不仅具有美观作用，在加固堤岸、稳定建筑结构方面更是发挥了巨大作用，如新加坡碧山宏茂桥公园绿地的案例就充分利用了植物这一特点。

2.1.3.2 物理功能

1. 改善城市小气候

由于城市绿地中的花草树木，其叶表面积比其所占地面积要大得多，对地表温度和小区域气候的影响较为明显。同时，由于植物蒸腾大量的水分，其生理机能增加了大气的湿度，能明显地改善城市中的气候环境。

2. 减低噪声

城市中的汽车、火车、船舶和飞机所产生的噪声；工业生产、工程建设过程中的噪声；以及社会活动和日常生活中带来的噪声

---

① 胡永胜 . 生态环境设计理论与实践 [D]. 天津：天津大学，2009.

对身体健康危害很大。研究证明，植树绿化对噪声具有吸收和消解的作用，可以减弱噪声的强度。其衰弱噪声的机理，一方面是噪声波被树叶向各个方向不规则反射而使声音减弱；另一方面是由于噪声波造成树叶发生微振而使声音消耗。

3. 防灾避难

在地震区域的城市，为防止灾害，城市绿地能有效地成为防灾避难场所。树木绿地具有防火及阻挡火灾蔓延的作用。不同树种具有不同的耐火性，针叶树种比阔叶树种耐火性要弱。阔叶树的树叶自然临界温度达至455℃，有着较强的耐火能力[①]。

2.1.3.3　社会功能

1. 城市景观

绿地植物既是景观园林建设的构成要素，又具有美化环境的作用。植物给予人们的美感效应，是通过植物固有的色彩、姿态、风韵等个性特色和群体景观效应所体现出来的，运用园林植物的不同形状、颜色和用途，因地制宜地配置一年四季变化的各种乔灌木、花卉，可以使居民身心愉悦，得到美好视觉享受的同时，还可以间接起到提升工作效率的作用。

2. 休闲娱乐

植物对人类有着一定的心理功能。随着科学技术的发展，人们不断深化对这一功能的认识。研究表明，植物的各种颜色对光线的吸收和反射不同，青草和树木的青色、绿色能吸收强光中对眼睛有害的紫外线，对人体大脑皮层和眼睛的视网膜比较适宜。因此，城市绿地的光线可以激发人们的生理活力，绿色使人感到舒适，能调节人的神经系统，使心理上感觉平静。

## 2.2　城市绿地的公共产品特性分析

### 2.2.1　公共产品定义

“公共物品”这一概念由瑞典经济学家林达尔于1919年在他

① 方微波. 生态量化与城市绿地系统构建研究 [D]. 武汉：华中科技大学，2008.

的博士论文《公平税收》[①] 中首次提到。此后,这一名词受到业界关注，美国经济学家萨缪尔森也对该名词进行了分析，并提出城市“公共物品”应具有两个特征：一是非排他性，二是消费上的非竞争性。萨缪尔森认为社会全体成员可以同时享用该公共物品，同时，社会中任何一个人对公共产品的使用都不会影响其他社会成员对该公共产品的使用和占有。美国另一位著名经济学家布坎南在他的《民主进程中的公共财政》一书中对公共物品的特征进行了研究，他认为公共物品的显著特征就在于它的不可分性和排他性[②]。

根据经济学原理，公共物品具有外部效应，即公共物品对其他社会成员带来利益或造成损害，而自身又没有根据这种效应从社会其他成员获得相应报酬或承担相应损失。其中，正外部性是各行为个体的活动使他人或社会受益，无须花费代价；负外部性是行为个体的活动使他人或社会受损，而无须为此承担成本。同时，公共物品的主要特点是向全体社会成员提供服务，在对公共产品的享用和消费上不具竞争性，在受益上不具排他性。

基于以上对公共产品的特性分析，市场机制对公共产品的影响已失去其效力，要想让城市居民自觉自愿地为其所需要的公共产品付出相应的成本是不太可行的。面对这一特性，只有强化政府行政干预，采取非市场机制的方式，通过税收等方式进行融资才能为城市公共产品的供给提供保障。

### 2.2.2 城市绿地的公共产品属性

1933 年国际建筑协会（CIAM）在雅典召开的会议上通过了纲领性文件——《城市规划大纲》，该文件指出城市规划的目的是使居住、工作、游憩与交通四大功能活动正常进行[③]。同时强调，游憩问题主要是大城市缺乏空地，城市绿地面积少而且位置不适中，无益于居住条件的改善。这一指导思想和原则成为近一个世纪以来，各国规划师所奉行的城市规划建设的基本准则。城市居民对城市绿地的使用，正是以享用其良好的景观环境和交流活动

---

① 王镇峰 . 重庆市体育公共服务供给现状及对策研究 [D]. 武汉：武汉体育学院，2013.

② 朱祥波，董萌 . 浅议城市社区公共物品供给 [J]. 合作经济与科技，2008.

③ 杨德进，徐虹 . 城市化进程中城市规划的旅游适应性对策研究 [J]. 经济地理，2014.

空间为目的的。城市居民在城市绿地中的各种散步、体育锻炼、游憩和人际交流等活动都是以一段时间内对城市绿地的直接使用和占有为前提和基础的。从经济学角度分析，对城市绿地的占有和使用方式是对这种具有特定功能的城市空间的直接享用，同时在使用目的、使用的便利性和服务质量方面有着特定的要求。

城市绿地中的绿色植物不仅对城市环境具有吸碳放氧的功能，而且城市绿地形成的绿色空间具有净化空气、改善空气质量、防风固沙、保持水土、减少自然灾害的功能，其生态效益具有非排他性和非竞争性的特点。城市绿地以产生的外部效益为主，这点与单纯盈利项目有所不同。城市绿地的社会效益包括了城市绿地与城市建筑、城市道路共同构成城市的环境风貌，具有塑造城市风貌的特质。同时，城市绿地可满足人们的精神需要，为城市居民提供一个优美、洁净、舒适的工作生活环境，并具备一定的教育功能，是对青少年进行自然知识教育最方便的室外课堂。城市绿地的以上特点决定了其公共产品的本质属性。

### 2.2.3 城市绿地的非排他性

城市绿地的非排他性表现在当城市绿地公园被使用后，不会排斥其他使用者进入其中，在对城市绿地进行消费的过程中，所有城市居民获得的消费权是等量的。在当前小区物业管理人性化水平不断提高的条件下，如当一个小区的居民拥有一个 $5hm^2$ 的小区公园绿地，小区居民对该城市绿地的消费数量就是 $5hm^2$，同时，其他小区的居民在该城市绿地上也可获得 $5hm^2$ 的绿地公园的消费。

### 2.2.4 城市绿地消费的不完全竞争性

城市绿地消费的不完全竞争性是指由于城市中每增加一个城市居民不会另外增加城市绿地的经营和管理的成本，同时也不会对城市中其他居民的城市公共绿地消费服务产生影响。城市居民在对所进入的城市绿地消费结束后，其新增消费的社会边际成本为零，消费者之间不存在竞争关系——即一个居民消费此城市绿地，不会限制其他居民对该城市绿地的消费。此外，城市绿地的建设与消费，二者是密不可分的，城市绿地不是私人物品，其建设的目的是提供给全体城市居民共同享用，所有的消费者共同分享和消费这些城市产品，其建设与消费是不可分割的整体。因此，城市绿地具有非竞争性。由于城市土地资源是不可再生的，并且还受制于城市可利用土地的规模大小，因此这种非竞争性是在一定限度以内的：在城市土地相对充足的范围内，任一城市居民的消费并不影响其他城市居民同时对城市绿地的消费，一旦城市居民对城市绿地的需求超过城市绿地的供应规模，则消费具有竞争性，以上特点决定了城市绿地的消费模式具有不完全竞争性。

## 2.3 城市绿地的建设特点

目前，城市绿地建设最主要的模式有两种，即政府投资建设和私人投资建设。其中，政府投资建设模式主要集中于城市防护绿地、公益性的公园绿地；私人投资建设主要集中于生产绿地和部分单位附属绿地。从城市绿地的产权方面分析，由于我国实行的是土地国有的所有制形式，在此情况下，城市绿地不会以任何方式成为私有财产，即使私人通过投资获得的也只是一定范围和时间内对城市绿地的使用权，而不是对城市绿地的产权。

从竞争性方面分析，由于城市绿地带有明显的公益性质，其投资建设金额巨大，维护和管理成本相对较高，防护绿地、附属绿地以及其他纯公益性质的绿地投资回报率基本趋近于零。营业性公园和生产性绿地，由于投资回报周期漫长，收回成本较为缓慢，平均分摊到每一个消费者每一次对城市绿地的使用费用相对较低。

城市居民对城市中的道路、桥梁、隧道等交通设施的使用不以长时间占有为目的，无意于长时间地停留于这些设施中，城市居民对这些设施的使用总是处于流动状态。与此不同的是，城市居民进入城市绿地就是为了在城市绿地中有一段时间的停留，以一定时间内占用城市绿地空间为目的，且对城市绿地服务的质量和公平性有一定要求，一旦出现城市绿地进入的人多了，空间有限的区域就可能出现拥挤的现象，服务水平低下，则说明城市绿地中或多或少地存在建设质量、使用便利性或服务公平性方面的问题。

P
中心停车场
直行50m

3

# 新中国成立后我国城市绿地建设历程回顾

## 3.1 发展阶段总结

我国三千多年封建王朝历史中，传统园林建设主要为“造园”，建设案例也主要为满足贵族及宗教等需求的宫苑和寺院，真正现代意义上的城市公园绿地系统始于近代鸦片战争时期，经开埠口岸之后由西方思想引入。但由于国家战乱等原因，真正意义上开展城市绿地建设则是在新中国成立以后。契合新中国成立后的城市发展历程，城市绿地建设大致可分为以下三个主要阶段。

### 3.1.1 普遍绿化阶段（改革开放前）

这一时期是新中国城市建设的起步阶段，城市规划建设主要借鉴苏联模式，其主要特征是以安排项目建设的空间布局为主导，城市建设和住宅建设则通过同步配套予以实施。例如，为配合156项重点建设项目的需要，对西安、兰州、包头、太原、成都、武汉、长春、洛阳等八大城市，开展的总体规划和近期工业区的修建性详细规划。而由于处于我国城市建设的初始阶段，该时期所有建设项目都是围绕工业生产开展，绿化建设也基本是以植树拓荒、美化环境为主。

### 3.1.2 快速发展阶段（改革开放至2000年）

1978年3月，国务院召开的第三次城市工作会议制定了《关于加强城市建设工作的意见》，标志着我国城市建设工作重新走上正轨。而随着改革开放，我国城市经济取得了飞速发展，城市绿化也得到了空前的重视。于1979年2月召开的第五届全国人民代表大会第六次常务委员会议决定每年的3月12日为我国的植树节之后，各地植树绿化步入了持续建设的轨道。而从1980年代开始，城市绿地系统规划开始作为城市总体规划的一项专业内容出现，如上海市1983年编制的《上海市城市总体规划》强调了城市绿化在城市建设当中的重要程度。值得一提的是，虽然受国家经济发展阶段所限，城市绿化建设在新中国成立初始阶段主要以“先求其有，后求其精”为主导，但早在1978年第三次全国城市工作会议制定的《关于加强城市建设工作的意见》便提出了我国要逐步实现城市园林化的目标，而一些经济发展较快的沿海城市则自发地提出了创建“花园城市”“森林城市”等绿地建设目标[①]。其间，钱学森先生在1980年代初提出的“园林城市”构想，也对今后我国城市绿地建设产生了重大、积极影响。进入20世纪90年代，在建立社会主义市场经济为目标的背景下，由建设部督促实施，在全国内开展的创建“国家园林城市”的活动，将我国城市绿地建设推进新的阶段。在全国范围内广泛推进创建园林城市活动近30年间，陆续有200多个城市获得园林城市称号，城市绿地建设总体水平得到了大的提升。

### 3.1.3 全面提升阶段（2000年至今）

2001年国务院发布《国务院关于加强城市绿化建设的通知》，明确了城市绿化工作的指导思想和任务，提出要加强和改进城市绿化规划编制工作，要求各地要在2002年年底前完成补充城市绿地系统规划的编制工作，并依法报批。2002年，建设部又相继出台《城市绿地分类标准》CJJ/T 85—2002和《城市绿地系统规划编制纲要（试行）》，一系列举措标志着我国城市绿地系统规划编制工作开始步入规范化和制度化的轨道。而与此同时，随着同国外先进理念、研究更广泛的交流、学习，国内城市绿地建设也真正进入全面提升阶段。2010年之后，住建部进一步开展了生态园林城市创建活动，从其逐步提升的评价标准来看，也客观反映了我国城市绿地建设水平在不断提升。

## 3.2 不同阶段绿地建设特征分析

作为城市公益事业，城市绿地在我国一直是以政府主导投资建设为主，2001年国务院出台的《国务院关于加强城市绿化建设的通知》也进一步明确了这一点：“城市绿化建设资金是城市

① 张浪．特大型城市绿地系统持续发展模式与结构布局理论[M]．北京：中国建筑工业出版社，2009：114-115.

公共财政支出的重要组成部分，要坚持以政府投入为主的方针。”从目前实际情况来看，国内城市大部分的公园绿地以及防护绿地的实施还是依托政府财政资金，少量的社区一级公园绿地或由相关企业、开发单位进行代建。也正因此，我国城市绿地建设发展水平往往更多地取决于不同时期阶段社会主要矛盾、经济发展水平以及社会需求。依照之前的阶段划分，我国城市绿地建设发展大致经历了“从无到有—从慢到快—从量到质”的发展过程（表 3-1[①]）。

历年上海绿地建设发展情况 表 3-1

| | 市区绿化（$hm^2$） | 公共绿地（$hm^2$） | 人均公共绿地（$m^2$） | 绿化覆盖率（%） |
|---|---|---|---|---|
| 1949 ~ 1978 年 | 761 | — | 0.47 | — |
| 1986 ~ 1998 年 | 8278 | 2777 | 2.96 | 19.1 |
| 1998 ~ 2000 年 | 13319 | 5730 | 5.5 | 23.5 |
| 2001 ~ 2005 年 | 28865 | 12038 | 11.01 | 37 |

### 3.2.1 普遍绿化阶段

新中国成立初期百废待兴，城市绿化普遍较差，因此提倡多种树，绿化也自然以植树造林、改造荒地荒坡为主，核心目标便是改善城市环境面貌。同时，由于城市经济发展水平较低，投资重点也是以工业项目为主，绿化投资较少。为了更容易取得成效，各地城市大多通过改造苗圃、普遍植树甚至是鼓励居民街坊内植树栽花以增加城市绿色。例如，1955 年 11 月召开的全国城市建设工作会议指出：“在国家对城市绿化投资不多的基础上，城市绿化的重点不是先修大公园，而首先是要发展苗圃，普遍植树，增加城市的绿色，逐渐改变城市的气候条件”。又如，1955 年 11 月，武汉市城市规划委员会根据国务院发出的要贯彻勤俭节约的精神对武昌地区规划（主要是道路系统和其宽度）进行的修改内容，涉及绿地的主要是森林公园的植树造林规划以及其他苗木基地规划。总体来看，这一时期城市绿地建设可以说基本采取“见缝插绿”的绿化方式，无论从数量还是质量上都还处于一个较低

① 张浪．特大型城市绿地系统持续发展模式与结构布局理论 [M]. 北京：中国建筑工业出版社，2009：85-88.

的发展水平。

另外值得一提的是，受苏联文化休息公园设计理论的影响，公园不仅仅作为城市绿化、美化的手段，还更多地承担了体现开展社会主义文化、政治教育以及文体活动的功能，因此该时期全国各个城市也修建了若干重要的城市公园。据相关统计，至1980年年底，全国已建有679个公园、37个动物园和135个公园中的动物展区。

### 3.2.2 快速发展阶段

“文革”结束之后，包括园林绿化事业在内的我国各项工作逐步恢复，而随着后来的改革开放，我国的经济以及城市化都自此进入了平稳快速的发展阶段，社会经济文化等各个方面也均逐步发生了重大变化。1978年3月国务院召开了第三次全国城市工作会议并下发了《国务院关于加强城市绿化建设的通知》，此后1982年召开的第四次全国城市园林绿化工作会议又明确提出采取专业队伍管护与群众管护相结合的方法等措施，标志着全国的城市园林绿化建设逐步进入一个稳步快速增长时期。1990年代初建设部开展的园林城市评选工作则有力地推动了各个城市的积极性，以上海市为例，其将“生态园林规划与实施”列入“八五”科技攻关项目之一，从1986 ~ 1989年，上海市绿地年均增长速度达到413$hm^2$。总体来讲，随着城市建设的稳步推进，该时期城市绿地的发展主要以规模的快速增长为显著特征，城市绿化取得了丰硕的成果。

### 3.2.3 全面提升阶段

经过近20年的改革开放，中国的经济已经发展到了新的高度。而随着城市化的进程加速，城市各类基础设施也都有了大幅改善[①]，整个城市建设的基本面发生了天翻地覆的变化。与此同时，随之而来的城市污染、空气质量恶化等诸多环境矛盾也日益突出，以致不论从国家层面还是城市的居民个人，都对城市生态环境愈发重视。

① 杨保军.城市规划30年回顾与展望[J].城市规划学刊，2010(1)：14-23.

根据全国城市建设统计年鉴，可以看出该时期城市绿地的规模增长比起以往有了更大幅的提升。截至 2016 年，全国城市公园绿地面积达到 653555hm²，比 1981 年增长 30 倍左右，特别是 2000 年后增速进一步明显提升。与此同时，不少城市针对生态环境保护开展了更多其他相关的建设工作，如武汉市在 2010 年版总规中重点划定“两轴两环，六楔多廊”的生态框架结构（图 3-1）。

## 3.3 城市绿地作为公共产品的角色内涵演变

随着社会经济的发展，绿地建设规模增长的同时，其作为公共产品的角色内涵也在不断演变。从宏观上来讲，随着全球环境保护问题日趋严重，国家层面基于生态环境保护的目标对于绿地功能有了更高的认识与要求；从城市居民个人来讲，则类似马斯洛需求层次理论，随着城市生活水平的不断提高，人们对于绿地相关服务水平的需求也逐步提升。

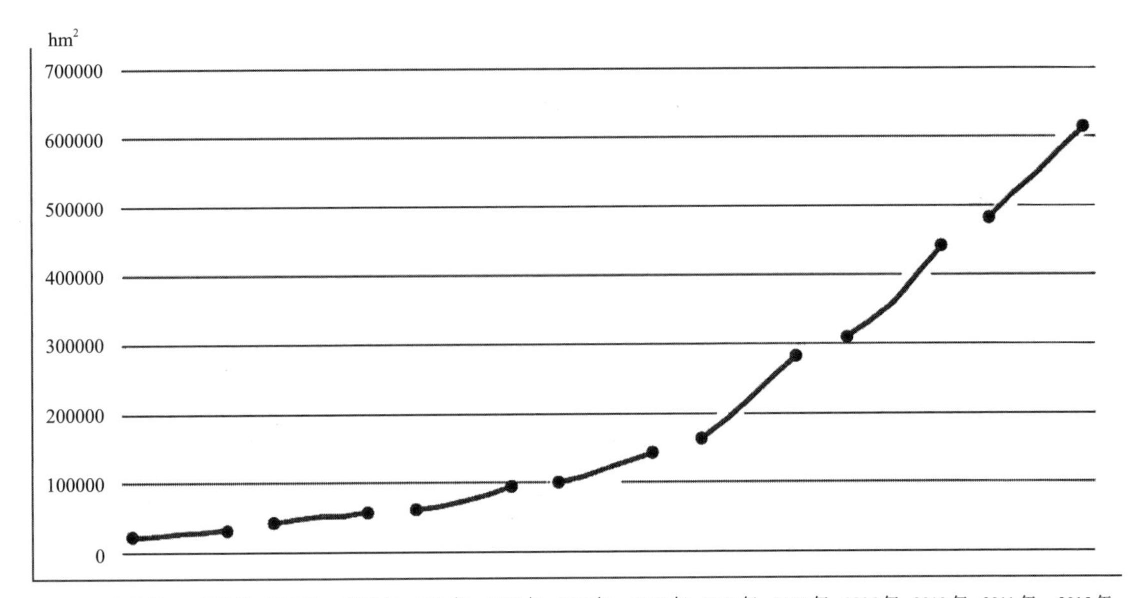


图 3-1 武汉市 1981 ~ 2015 年城市公园绿地规模统计

### 3.3.1 国家宏观层面功能定位的演变

新中国成立初期，因经济水平落后，城市建设的主要投入在于工业生产及其相关配套设施建设，如住宅、医疗教育等，因此城市绿地建设主要是基于城市环境面貌的改善。根据 1956 年 2 月 17 日的《人民日报》的一篇社论："森林是国家最贵重的资源之一，它对工业、农业、交通运输业的发展、人民生活的改善和自然环境的改造，都有极重要的作用。"可以看出，国家虽然认识到绿地建设对于环境保护的重要性，但就当时的经济条件来讲，急迫性和重要性上次于工业、农业等生产。

改革开放以后，我国的社会主义建设转入以经济建设为中心的轨道，而随着城市经济的不断发展提高，城市环境品质的提升也逐步引起相关城市的重视。1992 年 6 月，我国在联合国环境与发展大会上签署了《生物多样性公约》，宣布我国"经济建设、城乡建设和环境建设同步规划、同步实施、同步发展"的方针，并在同一年提出了"创建园林城市"的方针举措，其标志着我国城市绿地建设从过去保守的改善城市面貌目标转变到以城市可续性发展，主动提高城市生态环境质量为目标。

继 1997 年"十五大"报告中强调我国实施可持续发展战略，坚持计划生育和保护环境的基本国策之后，2007 年"生态文明"又成为"十七大"报告中引人注目的关键词。2012 年 11 月，我国从新的历史起点出发，进一步作出"大力推进生态文明建设"的战略决策，把生态文明建设放在突出地位。自此，城市绿地建设作为生态保护的重要内容上升为我国国土治理的一项基本国策。

### 3.3.2 城市建设需求的功能演变

如前所述，鉴于新中国成立之初城市经济发展水平以及社会主要矛盾，绿化建设更多的是改善城市的面貌与环境，因此其强调的是发展速度与效率，各个城市绿化建设的重点也在于发展苗圃以及普遍植树，力求"花钱既少，收效却大"，居住区绿化也是通过发动群众植树栽花以及普遍参与以达到改善环境面貌的目的。

随着改革开放的推进，我国城市逐步由生产性城市向消费性城市过渡，一方面随着城市经济恢复发展以及之前植树绿化的建设成效，城市绿化普遍得到了明显改善，各个城市对于塑造城市美好形象有了新的需求，如1990年上海市建委设立了“生态园林研究与实施”的研究课题，力求形成绿点、绿线、绿面、绿带、绿网、绿片的生态园林体系[①]；另一方面则在于改革开放以后，我们国家由之前的向苏联学习转向了向以欧美为代表的西方世界学习，伴随着西方理论知识的逐步引入，1980年代初一些学者先后提出了相关新的城市建设理论和建议，如马世俊教授提出的“社会—经济—自然复合生态系统”，以及知名学者钱学森先生提出的“山水城市”，而由此在实践过程中，我国城市绿地建设也更加注重其景观性和生态性。

1992年6月召开的联合国环境发展大会标志着世界掀开了人与自然关系的新的一页，我国由此也进一步同世界接轨，城市绿地建设实践逐步向三个趋势转变，一是生态要素的多元化，即绿地建设更加强调生物物种的多样性保护以及保护建设对象的多元化，如水体、山体、林地等；二是生态功能的合理化，即更加强调绿地系统在改善城市环境污染等方面的功能成效性，如绿带多少宽度对于噪声污染具有抑制作用（参见《城市绿地设计规范》GB 50420—2007（2016年版））；三是生态结构的网络化，即更加强调绿地空间分布的网络化以加强城市与环境的融合，如城市绿道、绿径等。

## 3.4 城市居民需求的演变

新中国成立初期，受苏联文化休息公园理论的影响[②]，考虑到公园可以作为开展社会主义文化、政治活动的场所，一些大型城市历史留存的城市公园、马场以及苗圃等，通过适当的改造建设，具备了一些休闲娱乐的功能，如北京陶然亭公园在1955年、哈

---

① 张浪．特大型城市绿地系统持续发展模式与结构布局理论[M]. 北京：中国建筑工业出版社，2009：3-4.

② 赵纪军．新中国园林政策与建设60年回眸（一）[J]. 风景园林，2009（1）：102-105.

尔滨文化公园在 1958 年都建设了舞池，而这也是当时市民可选择的不多的业余活动之一。

改革开放以后，经济的发展为现代休闲活动创造了物质基础，公园作为城市居民进行休闲游憩、游赏观光、健身娱乐等活动的重要场所，功能性日益加强。而 1995 年实施的“双休日”制度更是改变了中国城市居民的生活方式，公园对于城市居民来说更是成为了生活的必需。

2000 年以后随着社会的发展，社会各界对于城市绿地的功能与作用日益重视，城市绿地已经不仅仅是居民休闲娱乐的场所，更是成为了城市的重要基础设施。2001 年国务院颁发的《国务院关于加强城市绿化建设的通知》加强了绿地专项规划的重要性，并通过对社会公布，接受公众监督以及各级人民政府定期组织检查的要求，强调了其作为城市一项重要基础设施的法律保障地位。

## 3.5　当前国内城市绿地建设水平总体概况

一个城市绿地建设水平如何，主要可以从两个方面进行分析，一个是绿地实施水平，一个是绿地的规划水平。前者反映的是现状已建成的水平，其最直观的比较便来自于每年的统计年鉴等相关数据；而后者则主要体现在各个城市的专项规划中，包括城市总体规划以及绿地专项规划等提出的规划目标、空间布局等，如公园绿地总规模达到多少，人均公园绿地面积达到多少，属于未来城市绿地建设的预期目标。

首先从目前国内城市绿地建设总体规模情况来看，根据《全国城市生态保护与建设规划（2015—2020 年）》，全国城市公园绿地总面积由 2004 年年底的 25.2 万 $hm^2$ 增加到 2014 年年底的 58.2 万 $hm^2$，人均公园绿地面积由 2004 年年底的 $7.39m^2$ 增加到 2014 年年底的 $13.08m^2$。城市绿地率从 20 世纪 90 年代的 20% 左右，稳定增长到目前的 36.29%[①]，绿地面积增长速度远高于城

① 全国城市建设统计年鉴（2002—2017 年）[Z].

市面积和城市人口数量的增长速度。另外，园林城市创建工作也取得丰硕成果，截至2015年，有310个城市创建成为“国家园林城市”，7个城市创建成为“国家生态园林城市”。再从北京、上海、广州、深圳、成都、重庆、杭州等几个大型城市的统计数据来看，其城市绿地规模也是大幅提升。如成都、重庆等绿地规模2016年相较于2006年都增长近一倍。这里需要进一步分析说明的是，根据几个主要城市的统计数据来看，绿地建设水平与城市的规模、区位、气候影响并无大的关联，这同历次绿地规范相关城市调研结论也趋于一致（表3-2、表3-3）。

部分城市2007～2017年公园绿地规模统计一览表（$hm^2$） 表3-2

| 城市＼年份 | 2007年 | 2008年 | 2009年 | 2010年 | 2011年 | 2012年 | 2013年 | 2014年 | 2015年 | 2016年 | 2017年 | 2018年 |
|---|---|---|---|---|---|---|---|---|---|---|---|---|
| 北京 | 6538 | 12314 | 18070 | 19020 | 19728 | 21178 | 22215 | 28798 | 29503 | 30069 | 31019 | 32619 |
| 上海 | 13899 | 14777 | 15406 | 16053 | 16446 | 16848 | 17142 | 17789 | 18395 | 18957 | 19805 | — |
| 杭州 | 3486 | 4078 | 4676 | 5017 | 5287 | 5635 | 5820 | 6304 | 7640 | 8118 | 8770 | — |
| 广州 | 8035 | 8404 | 9006 | 9971 | 16400 | 19935 | 21165 | 22292 | 27200 | — | — | — |
| 深圳 | 13871 | 14205 | 14527 | 16987 | 17271 | 17508 | 17750 | 18152 | 19241 | 19588 | 19980 | — |

注：以上数据引用自各个城市统计年鉴。

重庆、成都2005～2016年绿地规模统计一览表（$km^2$） 表3-3

| 城市＼年份 | 2005年 | 2006年 | 2007年 | 2008年 | 2009年 | 2010年 | 2011年 | 2012年 | 2013年 | 2014年 | 2015年 | 2016年 |
|---|---|---|---|---|---|---|---|---|---|---|---|---|
| 成都 | 15.99 | 20.43 | 23.06 | 30.38 | 21.97 | 29.49 | 32.77 | 36.36 | 38.42 | 40.67 | 73.72 | 81.28 |
| 重庆 | 45.79 | 46.92 | 47.16 | 46.15 | 55.31 | 71.5 | 82.39 | 83.4 | 91.37 | 102.16 | 111.18 | 104.33 |

注：以上数据引用自历年《全国城市建设统计年鉴》。

关于绿地规划建设水平的提升则可以从几个主要城市近年来完成的相关规划所涉及的绿地专项内容来分析。各地绿地建设水平的提升主要体现在两个方面，一是绿地总量继续保持一定的增长，二是更加重视空间布局的科学、合理性。绿地总量的增加主要体现在人均公园绿地指标的提升，因城市人口本身不断增加，公园绿地总量也随之进一步大幅提升。而空间布局的合理性则可通过各地绿地专项规划的布局比对进行分析。从以往强调点线面的结合（“普遍绿化”同时结合“点线面”的形态框架——“点”包括公园、小游园等；“线”指行道树、绿带、防护林带等；“面”为街坊小区庭园绿地），到如今更加强调空间的网络化，可见随着理念的不断提升，绿地空间布局也更加科学、合理。

另外，通过梳理不同时期我国相关部门制定的关于城市绿地建设的指标文件，也可以很直观地从绿地建设的规模上大致了解我国绿地建设情况。从最早1982年城乡建设环境保护部颁布的《城市园林绿化管理暂行条例》到2017年更新的国家生态园林城市标准，人均公园绿地指标由最初的3～5m$^2$提高到了10～12m$^2$。其一方面可以看出我国对于城市绿地建设的重视程度越来越高，标准越来越高；另一方面则也反映出我国城市绿地建设水平也确实在逐步提升（表3-4）。

相关文件关于绿地指标控制要求　　表3-4

| 指标类别 | | 城市绿化规划建设指标的规定（城建[1993]784号） | | 国务院关于加强城市绿化建设的通知（国发[2001]20号） | |
|---|---|---|---|---|---|
| | | 2000年 | 2010年 | 2005年 | 2010年 |
| 人均公园绿地面积（m$^2$/人） | 人均建设用地75m$^2$以下 | 5 | 6 | | |
| | 人均建设用地75～105m$^2$ | 6 | 7 | 8（中心城区达到4） | 10（中心城区达到6） |
| | 人均建设用地大于105m$^2$ | 7 | 8 | | |
| 城市绿化覆盖率 | — | 30% | 35% | 35% | 40% |
| 城市绿地率 | — | 25% | 30% | 30% | 35% |

## 3.6 城市绿地系统规划实施机制分析

### 3.6.1 政府引导型

作为城市公共产品，绿地的建设实施不以盈利为目的，政府通过一系列手段引导绿地建设目标的实现。政府引导型的绿地建设实施模式又可概括为财政刺激型和目标导向型两种。其中，财政刺激型主要在经济发达、城市基础设施领域建设配套支撑模式较为成熟的地区，政府通过制定城建计划或以财政等手段引导和鼓励绿地的建设实施。上海、北京等城市通过财政刺激方式改变绿地建设资金的投入结构，拓宽资金投入渠道，同时在绿地系统专项规划的指引下制定年度城建计划，从资金和规划两方面为绿地建设实施提供保障（图 3-2、图 3-3）。

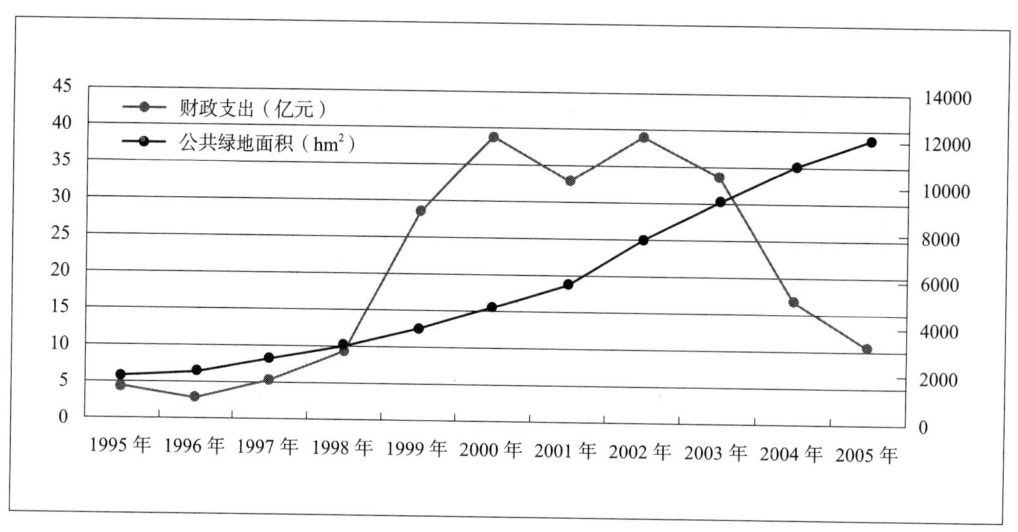


图 3-2 上海城市绿地建设财政支出与绿地建设情况

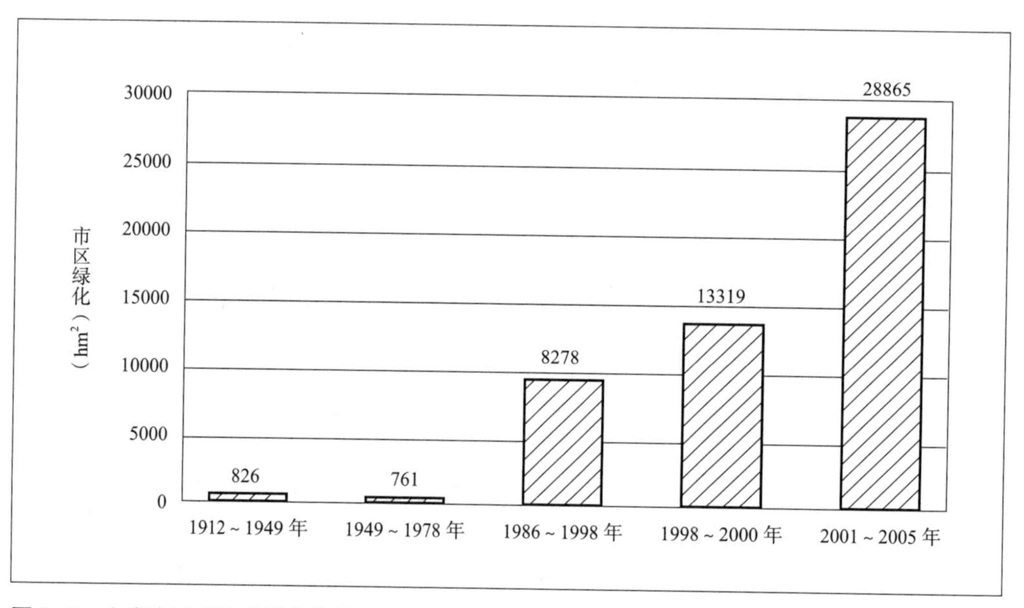


图 3-3 上海市区绿地建设发展情况

### 3.6.2 目标导向型

目标导向型的绿地建设实施模式主要在生态基质比较好，以重大事件为牵引或是有条件创建国家级的荣誉称号的城市比较常见。建设部于2004年下发创建国家“生态园林城市”通知以后，许多沿海发达地区的城市积极响应，在深入研究“国家生态园林城市标准（暂行）”指标体系的基础上，制定城市绿地建设目标，并出台工作方案，充分对接国民经济与社会发展五年计划与年度城建设施计划，通过树立绿地建设的观念，制定各项政策，推进生态理论研究以及生态技术的集成应用，并明确各职能部门的工作任务和工作时间节点要求，以强有力的政府组织机制确保绿地建设指标的实现。2010年在上海举办的世博会，以及2017年在杭州召开的G20峰会，都同样为城市制定了绿化美化的目标，并通过强制性的政府保障机制和手段确保绿地建设目标的实现。

### 3.6.3 规范强制型

2008年1月1日《中华人民共和国城乡规划法》颁布实施，赋予了控制性详细规划法定地位，并通过其严格规范了各类建设实施性规划的指标要求，如《城市居住区规划设计规范》中关于居住区内公共绿地的总指标、组团绿地人均指标、小区绿地人均指标、居住区绿地人均指标的底限要求，均需要通过控制性详细规划予以落实。同时，在城市总体规划中，绿地系统的总体目标和生态专项规划中涉及绿地空间布局的内容都是强制性条款，需要在建设实施中予以落实。配套法规的逐步完善，为绿地的建设实施模式由消极低效执行转变为积极主动作为创造了条件。在城市总体规划成果获得审批后，住建部定期开展的图斑核查又进一步起到了对绿地规划的监督落实作用。

### 3.6.4 市场自发型

由于城市绿地对改善人居环境、提升城市空间品质具有很明显的外部效益，因此，市场往往以自发的方式进行绿地的建设实施。在房地产开发过程中，开发商为了实现经济效益的最大化，经过精密的测算后，往往会通过一定规模的配套绿地建设来提高整个房地产开发项目的整体收益。虽然这种模式下绿地建设服务的群体往往具有局限性，但从城市整体而言，仍会对提高城市绿地配套水平产生一定的积极影响。

## 3.7 存在的问题分析

我国城市绿地规划管理实施过程中存在的问题可以归纳为以下几个方面。

### 3.7.1 城市绿地规划的指标体系有待进一步优化

当前，国内城市绿地建设所采用的传统指标存在一定程度上的误导性和局限性。首先需要说明的是这里的“传统”并不代表过时，而是指长时间一直沿用下来的评价指标，包括上述所提到的绿地率、人均公园绿地面积。尽管依照之前所引用的统计年鉴等相关数据来看，我国城市绿地建设水平在不断稳步提升，但随着科学技术手段的不断发展，根据比对相关学科对于城市绿地系统建设成效的研究评估工作，传统指标所存在的不足也日益凸显。我国法定规划体系中的绿地专项规划一直以来都是主要以量化指标来管控城市绿地的建设发展，从 1993 年建设部制定的《城市绿化规划建设指标的规定》( 城建 [1993]784 号 ) 到当前的《国家生态园林城市评价标准》《国家森林城市》等，都是基于 1982 年城乡建设环境保护部颁发的《城市园林绿化管理暂行条例》所提出的三大绿地指标，即人均公园绿地面积、绿地率及绿化覆盖率来进行评价的。但从城市绿地的功能属性来看，涵盖了城市景观、游憩休闲、社会经济、防灾避难等多个方面，因此传统单一的量化指标很难体现上述功能的服务水平（表 3-5）。

一方面，指标统计口径以及标准的差异导致数据缺乏真实性、客观性。尽管 2010 年我国出台了《国家生态园林城市评价标准》，对三大指标的统计口径都有详细说明，但由于一直以来缺乏行业的规范性以及有效监督，加上园林、城规分头管理以及技术手段

国内相关规范评价指标一览表 表 3-5

| 国家园林城市 | 国家生态园林城市 | 宜居城市指标评价体系 | 国家森林城市 | 文明城市 |
|---|---|---|---|---|
| 公众对城市园林绿化满意度≥ 90% | 公众对城市园林绿化满意度≥ 90% | 人均公共绿地面积≥ 10m²/ 人 | 建成区绿化覆盖率 35% 以上 | 绿地率 >30% |
| 建成区绿化覆盖率≥ 40% | 建成区绿化覆盖率≥ 40% | 城市绿化覆盖率 35% | 绿地率 33% 以上 | 人均公共绿地 >8m² |
| 建成区绿地率≥ 35% | 建成区绿地率≥ 35% | 市民对绿化开敞空间布局满意度 100% | 人均公园绿地面积 9m² 以上 | 空气污染指数（全年 API 指数 <100 的天数）>80% |
| 人均公园绿地面积≥ 11m²/ 人 | 人均公园绿地面积≥ 11m²/ 人 | 距离免费开放式公园 500m 的居住区比例 100% | 城市中心区人均公园绿地 5m² 以上 | — |
| 城市各城区绿地率最低值≥ 25% | 公园绿地服务半径覆盖率 | 拥有人均 2m² 以上绿地的居住区比例 100% | 水岸绿化率 80% 以上 | — |
| 城市各城区人均公园绿地面积最低值≥ 5m²/ 人 | 城市各城区绿地率最低值 | — | 多数居民 500m 有休闲绿地 | — |
| 公园绿地服务半径覆盖率≥ 90% | 城区各城区人均公园绿地面积最低值 | — | — | — |
| 万人拥有综合公园指数≥ 0.07 | 城市道路绿地达标率 | — | — | — |
| 城市防护绿地实施率≥ 90% | 防护绿地实施率 | — | — | — |

存在差异等原因，各类绿化数据在统计的方式、口径等方面均不统一，加上各个城市为了追求高指标将一些非城市建设用地范围的生态用地纳入指标统计，造成相关指标差别较大。以最近刚刚编制完成的北京总规以及上海总规为例，北京人均公园绿地指标将“风景名胜区、森林公园、湿地公园、郊野公园、地质公园、城市公园”六类具有游憩休闲功能的近郊绿色空间纳入全市公园体系。到 2020 年建成区人均公园绿地面积由现状的 16m² 提高到 16.5m²，到 2035 年提高到 17m²。而上海规划则提出“增加若干个面积 100hm² 以上的城市公园；按照城区公园（不小于 4hm²）2km、社区公园（不小于 0.3hm²）500m 的服务半径推进公园建设，构建完善的绿地系统。规划至 2035 年，上海中心城新增公园绿地 30km² 以上，人均公园绿地面积从 3.8m² 提高到 7.6m²。”显然，因为指标统计口径原因，两个城市的绿地规划目标差别较大。由此看来，园林城市评比活动对城市绿地规划工作一方面起到了很大的促进作用；另一方面，由于城市之间相互攀比，指标虚高，城市实际的绿化水平与标准要求相差甚远，导致作为指导建设实施的绿地规划其现实意义和严肃性大打折扣。

另外，传统量化指标不能完全反映绿地布局的合理性与科学性。传统的量化指标侧重于绿地总量规模的建设水平，包括绿地率、绿地覆盖率以及人均绿化指标等，对于绿地本身的空间格局和分布的合理性与科学性缺乏有效指导。以往强调的“点、线、面”布局，只是从空间分布、城市景观意向的角度出发，较为粗略地指导其空间布局，缺乏相关的科学依据作为支撑，导致规划过程中的增量绿地往往采用见缝插针的方式，而非以生态服务水平为导向。以武汉为例，尽管从总的指标来看，人均公园绿地达到了生态园林城市标准，但若根据实际人口的密度分布来看，二环线内老城区的指标则明显不足。

### 3.7.2 城市绿地建设资金投入方面缺乏有力的保障支撑

城市绿地建设量和资金需求量都十分大，在实施过程中主要存在以下几方面问题：

一是绿地建设的资金需求量大。城市绿地对改善城市环境品质有着显著的作用，但同时由于城市绿地建设规模大，所需求的建设资金规模也很大，而且由于城市土地资源不可再生，土地价格的不断上升也会带来城市绿地建设所需资金的不断增加。

二是资金筹集渠道相对有限。我国城市绿地的建设资金筹集以政府拨款的方式为主，尽管近年来也出现了部分民间资本进入到这一领域，但由于城市绿地建设资金的巨大需求，大多城市都出现政府财政投入的资金相对不足的问题。以武汉市为例，大部分的公园绿地以及防护绿地的实施还是依托政府财政资金，少量的社区一级公园绿地或由相关企业、开发单位进行代建，而根据其市、区园林行政主管部门网上公开的近年财政支出决算情况，从每年绿化新建、改建项目、绿化养护项目以及道路绿化养护三个方面来看，区级财政投入明显不及市级财政投入。同时，区级政府关于新建项目的资金投入也明显非常不足，直接导致区一级的社区级公园等小型绿地建设严重滞后。

### 3.7.3 城市绿地规划管理缺乏有效的绩效评估

作为监测城市绿地建设实施水平的必要环节，我国城市绿地规划的评价指标体系研究工作起步较晚，目前仍处于完善阶段。

2010年建设部颁发了《城市园林绿化评价标准》，该标准明确了在城市绿地系统专项规划编制完成后，需要定期从绿地率、人均公共绿地面积和绿化覆盖率等指标进行评价。但由于该项工作尚无成熟的模式可供借鉴，目前仍偏重于从城市绿地总量等方面对其进行评定，不能反映绿地的结构、功能质量等状况。同时，我国绿地建设的主要责任在地方政府，但政府绩效考核中却并没有绿地建设指标这一项。由于政府考核机制的缺失，地方政府实施绿地建设的动力相对不足。

### 3.7.4 确保城市绿地配套实施的监督机制有待完善

目前，国内还未建立成熟的约束机制，对地方政府擅自占用城市绿地的行为进行制约。执行绿地规划的效果不理想，擅自变更城市绿地性质，占用绿地的行为，除有一部分是开发建设主体为了自身的局部利益而侵占城市绿化的情况，其大都是地方政府的行政行为。这些违法违规行为之所以发生，除了依法用绿意识缺乏外，与缺失必要的监督和惩处有密切关系。

以住建部开展图斑核查工作为例，其自2007年开始利用卫星遥感监测技术对经国务院审批城市的城市总体规划、国家级风景名胜区总体规划和国务院确定的历史文化名城的保护规划的实施进行督查，2011 ~ 2013年间共查处违法建设3000多处，其中大多与绿地占用有关。我国城乡规划法明确提出了绿线及其他五线调整需报原审批机关审批，但是在实际操作当中没有任何城市予以认真落实，一方面反映了绿线调整的裁量权仍旧掌握在地方城市，另一方面也说明了以往缺乏有效的监督机制、保障法规严格落实。

### 3.7.5 公共参与城市绿地建设管理程度低

根据国外经验，公众参与的程度直接决定了规划的实施效果，而公众参与的模式除了需要有相对完善的机制与制度进行保障外，还需要建立有效的监督保障机制确保公众参与到城市绿地规划建设的每一阶段。目前，我国一方面还没有形成专门的城市绿地规划管理法律体系，相关法规条例、部门规章等也没有对城市绿地规划管理的公众参与作出相关规定；另一方面，参与到城市绿地规划实施中的主体也不够广泛，且相关机制仍不完善。

# 4 武汉市主城区城市绿地建设现状

武汉市长江、汉水穿城而过，城市十字形山水格局显著，在武汉城区龟山、蛇山、洪山等东西走向的丘陵，与长江、汉水形成“十字山水轴”，呈现出得天独厚的山水城市格局与形态特质。为了彰显城市自然山水格局特色，武汉市已编制了多轮绿地系统及其他相关规划，对指导城市绿地的建设实施发挥了积极的作用。

## 4.1 武汉市绿地系统规划基本情况

自 1992 年《城市绿化条例》颁布以来，武汉市分别于 20 世纪 90 年代末和 2010 年前后开展了两轮城市总体规划以及绿地系统专项规划的编制工作，并都强调和延续了武汉市“十字山水轴”以及“多楔多廊”的生态框架结构。目前，武汉市施行的绿地规划主要依据的是 2015 年市政府批复的《武汉市主城区绿地系统规划（2012—2020 年）》以及《武汉市控制性详细规划导则》。其中，主城区规划内容主要基于 2012 年版绿地系统专项规划内容，新城组群范围规划内容则主要是依据之前编制的新城组群规划导则。从占总建设用地比例来看，武汉市（不含东湖风景区）规划公园绿地占城镇建设用地的比例为 10.6%，其中，中心城区约为 14.0%，远城区为 9.1%，中心城区远高于我国《城市用地分类与规划建设用地标准》GB 50137—2016 中相应要求。从市域范围来看，武汉市规划市域生态绿地面积达 6000 多平方公里，占市域面积的 80% 以上。

此外，武汉市规划部门还先后组织编制了《武汉都市发展区 1 : 2000 基本生态控制线规划》《武汉都市发展区绿地系统规划》（图 4-1）《武汉市中心城区湖泊保护“三线一路”控制规划》《武汉市绿道网络系统规划》《武汉市三环线绿化景观专项规划》等公园绿地相关规划，进一步明确了都市发展区内生态绿地系统布局，并在全市域 1 : 2000 地形图上具体划定了各类城市生态及绿化控制用地，对城市各类生态绿地的建设、控制和保护都起到了非常积极的作用。

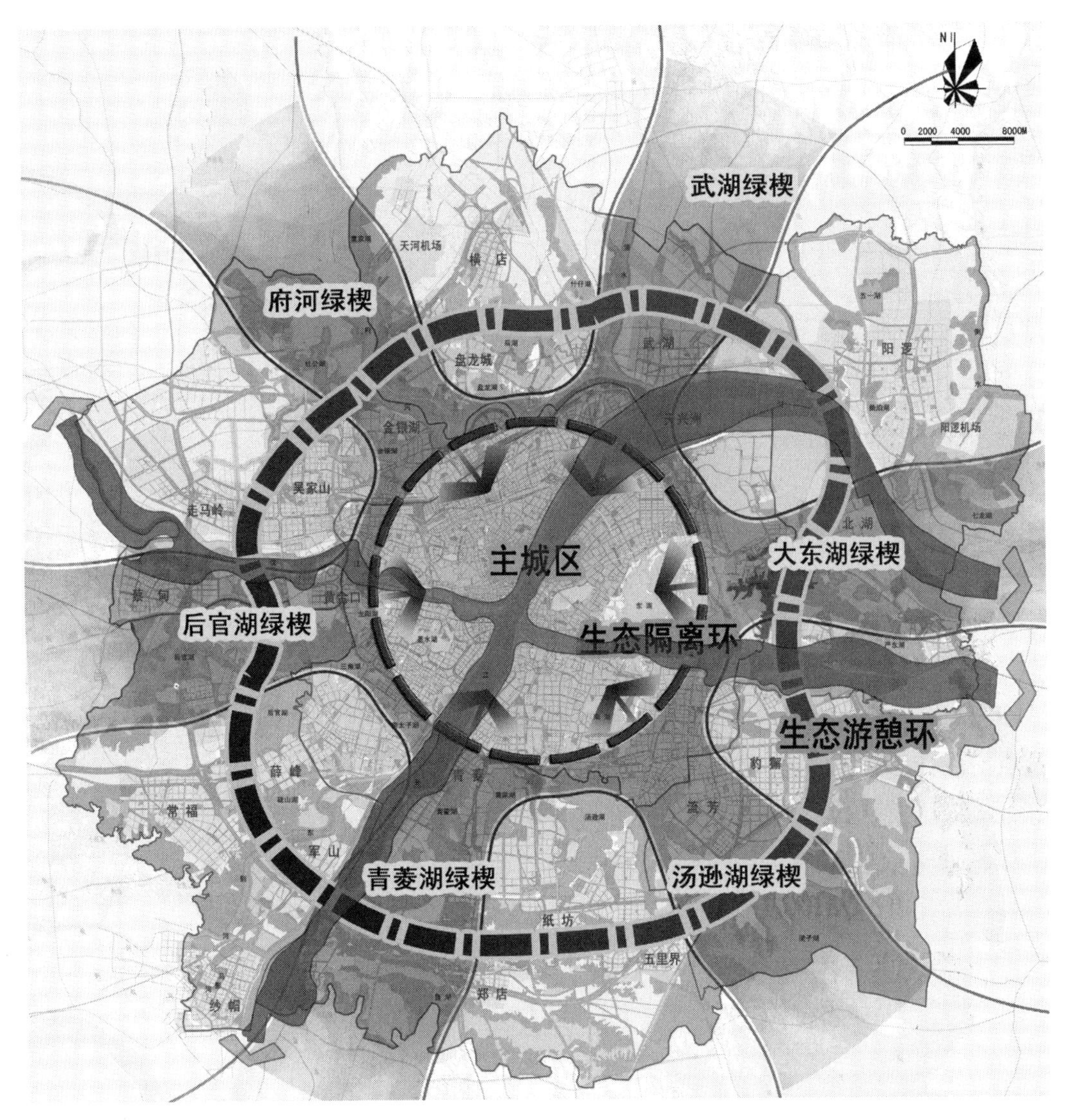


图 4-1 都市发展区绿地系统规划结构示意图

为确保绿地规划的管控效力，2000 年以来武汉市政府先后颁布了一系列法规文件，并同步制定了相应管理办法和标准，包括《湖北省武汉市城市绿化条例》《武汉市城市绿线管理办法》《武汉市湖泊保护条例》《武汉市基本生态控制线管理规定》（市人民政府第 224 号令）以及《武汉市郊野公园实施性规划编制相关技术标准》等。这些地方性条例对山体、湖泊周边绿化建设及建筑控制提出了具体要求，确保了公园绿化用地控制既有规划引导，又有法规可依，为公园绿地的严格实施提供了良好、坚实的基础。

## 4.2 武汉市绿地建设实施基本情况

与国内其他城市相似，武汉市生态绿化建设也是自20世纪90年代初进入了快速发展时期。从建设部在全国范围开展创建“国家园林城市”活动至1997年武汉市提出初步建成园林城市的目标，通过近十年的努力建设武汉市最终于2006年获得“国家园林城市”称号。“十二五”期间，武汉市、区两级政府继续大力推进生态项目建设，特别是以园博会为契机，加快实施建设了三环线生态带、沙湖公园等大型公园及环湖路和绿道等生态建设，公园绿地总量呈稳步提升态势。通过分析对比2013～2017年间影像图和相关规划资料，并结合武汉市园林部门以及国土规划部门掌握的近年绿地建设数据，统计得出武汉市近年来主城区范围[①]公园绿地与防护绿地的大致建设情况。其中，公园绿地建设合计新增约1305hm$^2$，年均增长率为17.5%；防护绿地新增共268hm$^2$，平均年增长率为18%，可以说绿地增速及增量都较为明显。但另一方面，通过对比武汉市控规“一张图”，从绿地整体的规划实施率来看，建设情况则不尽如人意。中心城区规划区范围内，2016年武汉市公园绿地实施率刚刚过半，且从5000m$^2$以上的公园绿地服务半径覆盖率情况来看（图4-2），老旧社区绿地覆盖缺失现象较普遍。另从不同区域公园绿地实施率来看，武昌区、青山区、硚口区实施率较好，大致分别达到了70%、58%、54%，而二环线内老城区的实施率则明显优于二环线外新建区，分别大致为71%、33%，尽管二环线外总共建设绿地达到约1790hm$^2$，远多于二环线内总共建设绿地约992hm$^2$，但以上统计表明，大量的规划绿地集中在二环线以外的新建地区，同时也说明新建地区的绿化建设相对滞后于其他建设项目。

① 主城区范围是武汉市三环线内的城市建设用地，依据2010年版武汉市城市总体规划。

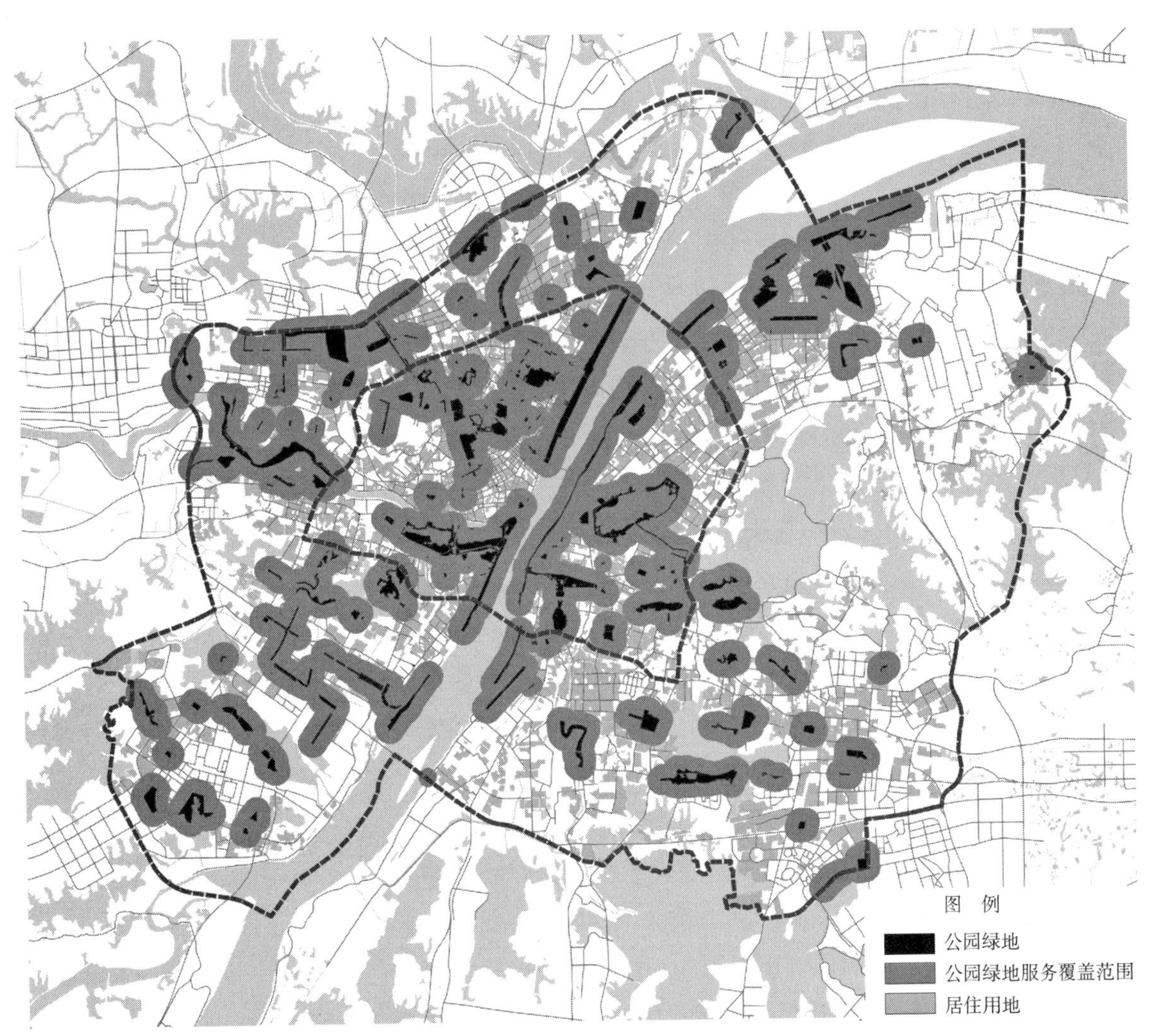


图 4-2 2017 年武汉市主城区公园绿地服务覆盖率示意图

## 4.3 武汉市绿地规划建设特征分析

### 4.3.1 人均公园规划水平同相关城市接近，但距生态园林城市标准仍有差距

笔者根据相关规划的编制时间以及城市规模等，选取了包括北京、上海、深圳、杭州、重庆、广州等比武汉更先进，或者相类似的城市进行比对分析。从上述几个主要城市的相关规划内

容来看，人均公园绿地规划指标最高的为深圳（$18m^2$/ 人）①，最低的为上海（中心城为 $7.6m^2$/ 人）②，其他几个城市则多为 $12m^2$/ 人以上。从城区的人均建设用地与人均公园用地之间关系比较来看，武汉同广州、重庆等城市相类似，并反映出同一种规律，即人均建设用地面积较小的老城区人均公园绿地指标也偏低，而人均建设用地面积较高的新建地区人均公园绿地指标则相对高出不少。如根据《重庆市绿地系统规划（2007—2020 年）》，重庆市包括渝中区、大渡口区、巴南区、南岸区等在内的老城区中人均公园绿地指标基本在 $10m^2$ 以下，特别是渝中区人均建设用地面积为 $29m^2$，人均公园绿地仅为 $5.58m^2$，人均建设用地 $100m^2$ 以上的几个区，人均公园绿地指标最高则达到 $15.19m^2$（北碚区）。而武汉市人均建设用地面积 $70m^2$ 以下的江岸区、江汉区、硚口区、武昌区，人均公园绿地大致为 4.83 ~ $8.29m^2$ 之间，人均建设用地最高的青山区与汉阳区，人均公园绿地则分别为 $11.07m^2$ 与 $15.92m^2$。其所反映的趋同性客观上也说明了各个城市均存在老旧城区由于人口密度较大导致人均公园水平总体较低的问题。

另外，通过对比深圳、杭州等绿地建设先进城市相关指标，也不难发现武汉市距离生态园林城市建设的标准仍有一定的差距。以深圳市相关规划指标为例，其人均公园绿地水平整体上高于武汉市水平，其中罗湖区人均建设用地面积为 $57m^2$，人均公园绿地指标高达 $14.1m^2$，南山区人均建设用地为 $102m^2$，人均公园为 $7.8m^2$，龙岗中心组团人均建设用地为 $113m^2$，人均公园绿地为 $10.8m^2$③，武汉市人口密度高（如武昌、江汉）与人口密度低的部分城区（如东湖高新区、蔡甸区）的相关指标均与深圳相比较低。

① 深圳市绿地系统规划（2004—2020 年）[Z].

② 上海城市总体规划（2017—2035 年）[Z/OL].http://www.shanghai.gov.cn/newshanghai/xxgkfj/2035001.pdf.

③ 网上公开信息，《深圳市城市总体规划（2010—2020 年）》《深圳市福田区分区规划（1998—2010 年）》《深圳市罗湖区分区规划（1998—2010 年）》《深圳市南山区分区规划（1998—2010 年）》《深圳市龙岗中心组团分区规划（2005—2020 年）》《深圳市宝安中心组团分区规划（2005—2020 年）》。

### 4.3.2 空间分布总体较为均衡，区级规模以上公园绿地占比较高

通过 ArcGIS 平台中的标准椭圆差工具，对武汉市规划“一张图”上的绿地进行空间分布趋势的分析，从主城区范围 $2hm^2$ 以上公园绿地的分布情况来看，武汉市总体上呈现均匀分布的态势；而从市区级综合公园以及专类公园的分布分析来看，大型公园的分布情况相对更集中于长江沿线方向，汉口的硚口、汉阳的琴断口、武昌区域的洪山、东湖高新区域的市区级综合公园数量相对较少（图 4-3、图 4-4）。

图 4-3 武汉市主城区内 $2hm^2$ 以上公园绿地分布密度

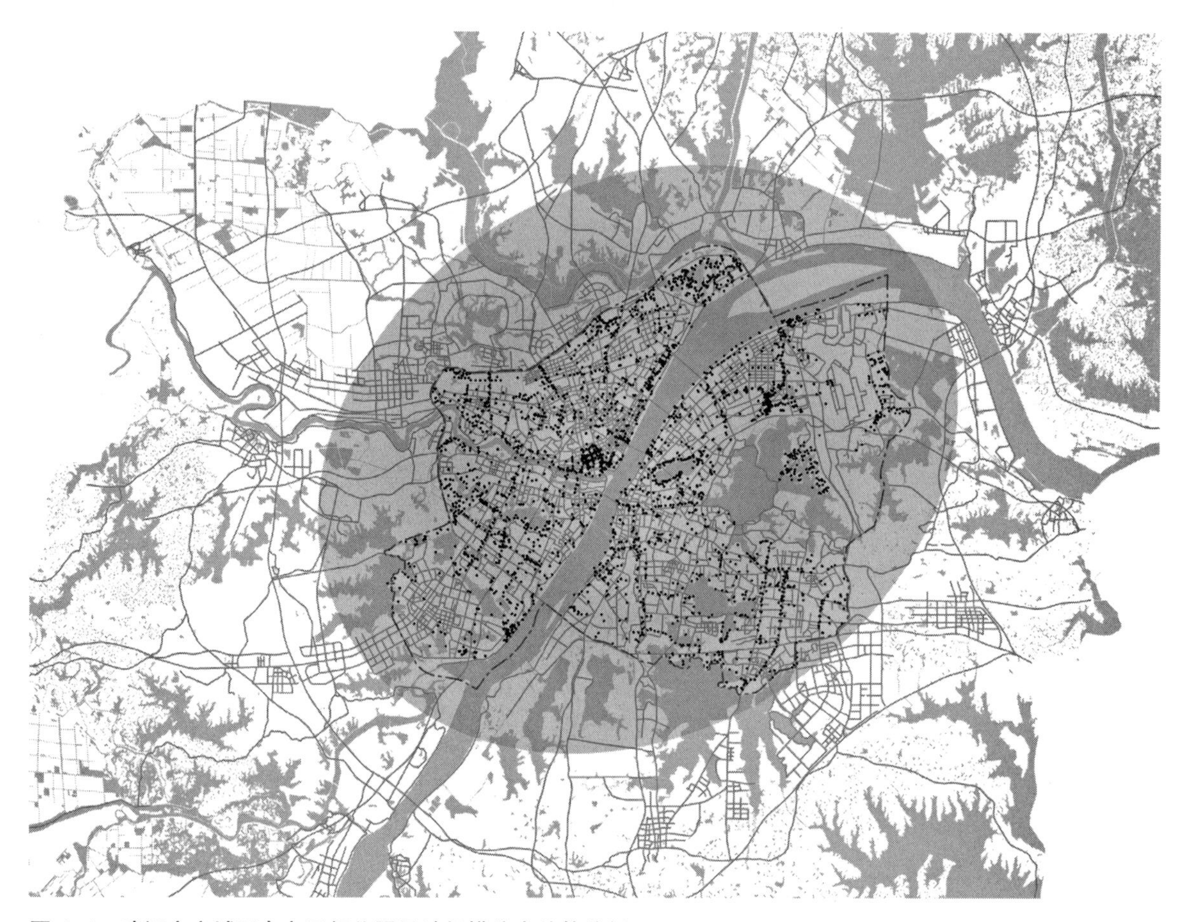

图 4-4 武汉市主城区内市区级公园绿地规模分布趋势分析

另外，通过对不同规模等级的公园数量分析来看，武汉市主城区范围内 0～2hm$^2$ 与 20hm$^2$ 以上公园所占面积最大，其中 0～2hm$^2$ 公园数量最多，分布更为广泛，而 20hm$^2$ 以上公园虽然数量相对较少，但是整体面积规模最大，这在一定程度上体现了武汉市内湖泊公园较多，大型综合公园颇具规模的特点。远城区则由于湖泊公园多计入郊野公园范畴，城市建设用地范围内 20hm$^2$ 以上公园同 5～10hm$^2$ 及 10～20hm$^2$ 公园规模差别不及主城区大（图 4-5）。

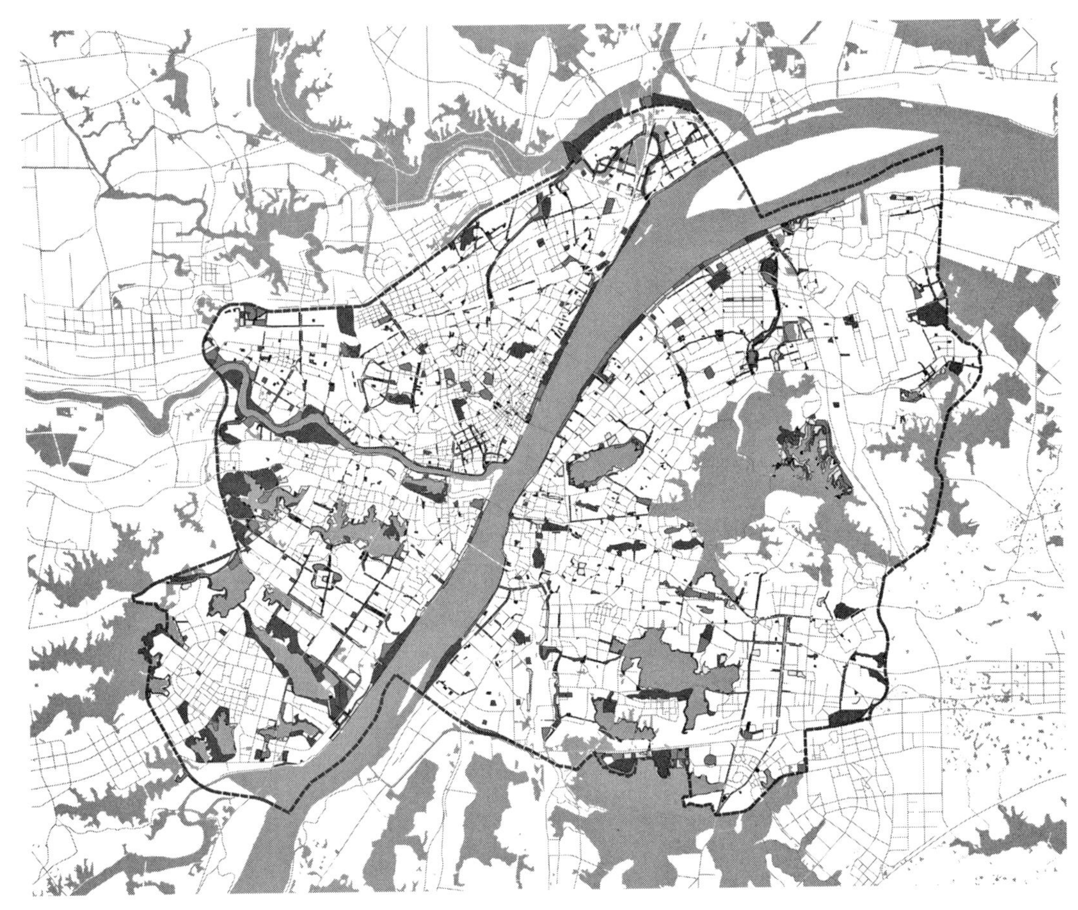

图 4-5 武汉市主城区不同规模公园分布

### 4.3.3 人均公园绿地指标由内而外逐步降低

根据武汉市国土规划局信息中心 2012 年以来构建的社会管理与服务网络信息平台提供的人口数据，对武汉市不同区域的人口分布以及人口密度进行分析可以发现，二环线范围外总人口规模最多，二环与一环之间次之，一环内人口总规模最少。但是由于相对建设用地较小，人口密度则呈相反趋势，即人口密度很明显呈由内而外逐步降低的趋势。而根据规划一张图的绿地分布，由于二环线外公园绿地规模远高于二环线范围内，导致更加强化了人均公园绿地指标由外向内圈层不断递减的趋势。

## 4.4 存在的主要问题

### 4.4.1 生态绿化建设规模以及速度亟待提升

通过与国内其他城市的案例比较，武汉市生态绿地建设的总体水平还存在较为明显的差距，具体表现在以下两个方面：

一是绿地总量不足。武汉作为中部中心城市，经济社会发展水平位列全国副省级城市第一方阵，但与城市建设方面取得的成绩相比，园林生态的建设发展仍需进一步提升。根据《2013 年中国城市建设统计年鉴》对园林绿化“三大指标”的统计，与其他 19 个副省级及以上城市相比，武汉市人均公园绿地面积位列 16，建成区绿化覆盖率位列 14，建成区绿地率位列 17，这在客观上说明了武汉市园林绿化发展水平与生态园林城市的建设目标之间仍有不小的差距。考虑到武汉市人口规模还在不断增长，在国家倡导存量规划的时代，绿地规模更是难以简单通过城市扩张来获得提升。

二是建设速度相对滞后。虽然近年来建设速度以及取得的成绩较为显著，但以中心城区规划区范围为统计口径，2016 年武汉市公园绿地实施率才刚刚过半，且从 5000$m^2$ 公园绿地服务半径覆盖率情况来看，老旧社区绿地缺失现象较普遍，因此武汉市当前绿地建设的总体速度仍需进一步加强。

### 4.4.2 城市绿地建设景观品质不高

近几十年来，我国城市建设飞速发展，武汉同国内大多城市一样存在绿化景观日渐趋同，地方特征不够突显的问题，总体上仅仅依靠地方特色树种的差异突出地域特征。尽管 2013 年以来，武汉以园博会为契机，大力推进城市绿网、河道蓝网等建设，城市园林绿化水平明显提高，但由于游览步道、游憩设施等配套建设参差不齐，绿道、港渠绿化等线性绿化未能联成系统，难以提供连续、优质的开放式生态空间体验，山水、绿地景观的可视性、可达性也较差，导致武汉市大江、大湖、多港、多渠的滨水特色未得到充分彰显。同时，武汉作为历史文化名城，各类历史文化遗产资源同生态空间联系不甚紧密，未能体现武汉本土文化内涵。总体来看，城市整体生态景观面貌和空间品质与建设国家中心城市的定位要求仍存在较大差距。

### 4.4.3 城市湖泊山体资源沿线景观廊道控制水平较差

依据景观生态学等相关研究结论对武汉市主城区范围内的27个湖泊进行统计分析表明，按照目前武汉市规划“一张图”的规划情况来看，27个主要湖泊岸边廊道的宽度控制总体一般，仅有11个湖泊80%岸线达到30m的控制要求，大致一半的湖泊达标率在50%～80%区间；而从生物多样性角度出发，80%以上岸边长度达到60m宽度控制要求的仅有南太子湖、经开区的西北湖。

从27个湖泊周边规划用地的开敞度来看，其中有10个湖泊的开敞度低于40%，如塔子湖、小南湖等基本被各类建筑所包围；8个湖泊的开敞在50%～80%之间，只有9个湖泊开敞度在80%以上，包括水果湖、龙阳湖、竹叶海等。从以上分析结论来看，武汉市在湖泊、山体资源的廊道控制以及视线景观控制方面存在明显不足，特别是一些临湖的主要交通干道一侧的景观遮挡，客观上造成了武汉市湖泊山体景观特征不突出的问题。尽管武汉市较早就出台了《武汉市规划局关于加强中心城区湖边、山边、江边建筑规划管理的若干规定》，对临湖建设项目提出了相应的控制要求，如沿湖建筑面宽原则上不得超过项目地块沿湖总长的60%等，但从实际建设情况来看，由于距离较远，加上植物等遮挡，仅仅依靠建筑设计的管控无法实现彰显山体湖泊景观的目标。

### 4.4.4 区一级政府建设绿地积极性普遍不高

从近年来武汉市绿地规模的主要增长点来看，每年的公园绿地建设主要依赖于市级重点城建项目中的绿化建设项目，如园博园、沙湖公园等，尽管市区级综合公园的规模明显大于社区级公园，但是从武汉市、区级综合公园与社区级公园实施情况比对来看，前者明显好于后者，各区级政府主动开展绿化建设的激励明显不足。

根据武汉市、区园林行政主管部门网上公开的近年财政支出决算情况，从每年绿化新建、改建项目、绿化养护项目以及道路绿化养护三个方面来看，市园林局每年新建项目的资金投入变化较大，客观说明其资金投入跟每年的市城建计划紧密相关，区级财政投入则明显不及市级财政投入，而且其关于新建项目的资金投入同样明显非常不足。各区级的绿化投入很大一部分比重用于养护管理，即便从青山、汉阳资金投入较好的两个城区来看，新建绿化也多以改建或者绿化提升为主，由此说明武汉市各区园林建设自身缺乏长效机制，同时说明各区在园林绿化建设的投入规模上缺乏动力机制（有限的资金多投入其他见效快的项目），各区每年资金投入与相关绩效考核内容关联不大，资金相对短缺仍是社区级公园绿地建设滞后的主要原因之一。

## 4.5 原因分析

### 4.5.1 城市土地资源供给有限

城市绿地的供给应当满足改善环境、增加城市居民休闲活动场所以及满足对城市交通的隔声降噪等方面的需求。目前，各地城市在绿地建设中的首要问题是供给量不足。由于城市土地是宝贵的不可再生资源，城市规划区范围内的建设用地规模在城市总体规划批复期限内有着严格的规模控制要求，在总量严格控制的前提下，要想获得高回报率和高收益率，必须在对土地进行一次开发后能持续地提供后期回报，在这方面，相比居住用地、商业服务设施用地以及工业用地而言，以公益属性为特征的城市绿地天生不具备收益回报方面的优势，由于城市绿地不能给城市财政带来可观的收益，因此，一些城市在绿地建设方面未给予足够的重视，城市规划中确定的绿地被挪用和被改变用地性质的现象屡有发生。供给的不足是导致城市绿地服务水平低下的重要原因。

### 4.5.2 缺乏深入的规划研究导致城市绿地类型比例失衡

城市绿地中，公园绿地和附属绿地是与城市居民关系最为密切，使用频率最高的绿地类型，同时也是空间布局在城市中相对集中和对均质分布要求最高的绿地类型。目前，在统计城市绿地指标的过程中是以城市绿地的总规模的全口径进行数据采纳的，因此，在城市建设过程中，在公园绿地和附属绿地相对不足的前提下，防护绿地和区域绿地的建设规模得到提升，以突出总量指标。这一不得已的常见方式，使得绿地建设水平和服务性长期在低水平徘徊，公园绿地和附属绿地占城市绿地总规模比例较低，不能满足城市居民对城市绿地服务功能日益增长的需求。

笔者认为，这一现象的产生，除了开发商追逐利益的因素外，很大一部分原因是由于缺少深入的规划研究所造成。在美国学者 John M.Levy 出版的《Contemporary Urban Planning》一书中，强调了规划研究对引导城市规划设计方案和相关建设实施的重要性，他强调了调查研究可充分反映出人作为社会主体对所能享受到的社会服务的需求—— “One cannot plan without knowing for whom one is planning，which means having some notion of how many people there will be in the community” [①]，同时，深入的调研也能了解到不同人群的需求，从而使得社会服务更趋精细化—— “One hundred people over the age of 65 make very different demands on the community than do 100 elementary school student” [②]。

### 4.5.3 盲目追求单纯的城市景观，忽视了城市绿地公共服务本质属性

由于城市绿地具有良好的改善城市景观面貌的功效，在较短的建设周期内能形成整齐划一的城市景观，而且其建设周期短，对建设工艺和技术没有过高的要求，是改善城市景观面貌和城市管理阶层彰显成绩效益的重要手段。在改善城市景观方面，城市绿地的建设重点往往集中于防护绿地和城市道路绿化带等规模较

① John M.Levy. Contemporary Urban Planning[M]. Prentice Hall, Englewood Cliffs, N.J 1988:100.
② John M.Levy. Contemporary Urban Planning. Prentice Hall, Englewood Cliffs, N.J 1988:100.

大的景观性绿地。而城市居民真正需求量较高的休闲性城市绿地则往往被忽略,从而导致在争取“国家园林城市”“国家生态城市”等称号的指标考核中，虽然城市绿地的总量指标和人均指标达到了考核要求，但实际的城市绿地建设水平并未真正发挥服务居民的本质功能。

### 4.5.4 市场和政府供给职责范围不清

在城市绿地供给方面，政府和市场供给职责范围界定不清是导致附属绿地与公园绿地的分布比例严重失衡的重要原因。居住用地、企事业单位以及市政设施的管理者对其附属绿地在某一特定时期内的管辖支配权直接决定了附属绿地的服务水平的高低，而恰好这一部分属于特定团体内的附属绿地土地权属的供给方式往往由市场决定。简单说，就是某一企业通过招拍挂的形式获得了城市一定区位条件下特定范围内,在一定年限内的土地使用权，在实施过程中建设了一定规模的附属绿地，这一附属绿地在美化企业环境的同时，本应发挥供人休闲的功能，但由于土地使用权属归企业，通过企业边界的限定，这一附属绿地并不能为公众所享用。这类现象在城市公共管理领域并不罕见，城市居民具有一定需求量，但仅凭政府行政力难以完全满足公众需求的公共产品都存在政府和市场供给范围划分不清的问题。因此，公共产品在生产阶段可以由市场决定，但出于公共产品自身的属性定位，在供给阶段应由政府明确供给范围和供给方式。

政府是公用事业领域的核心，政府在对如城市绿地这样的公共产品管理领域，需要有明确的管理职责范围，但实际上目前许多城市政府对其应履行的管理范围和有效作用边界认识并不清晰。国内外相关研究认为现代政府作用边界界定所依据的是按照市场化程度确定提供公共产品的范围,在城市绿地建设管理领域,政府发挥其公共经济管理职能更多的应是体现在框架制度的建立和政策法规的制定。

此外，可供城市绿地建设的资金来源不足。城市绿地建设的资金来源主要依靠的是地方税收，但是由于当前我国城市中的事权、财权无法充分挂钩，有的地方政府为了使有限的政府财政投入产生最大的社会效益，往往将财政资金重点投放在轨道交通、大型市政基础设施、医疗、养老、教育等方面，而用于城市绿地的资金投入相对有限。

在我国，政府部门在对城市绿地的管理中长期偏好于城市绿地所带来的外部正效益等微观经济活动，且在管理主体上政企不分的现象较为普遍，如对城市绿地管理存在着园林局、城市园林公司、城市园林生产队等门类繁多的部门，从而导致管理效果不佳。

目前，城市绿地相关管理制度尚不完善。城市绿地中公园绿地和附属绿地是与城市居民关系最为密切、使用频率最高的绿地类型，同时也是空间布局在城市中相对集中和对均质分布要求最高的绿地类型。

5

# 城市绿地建设模式及其经验借鉴

英国、美国、日本等发达国家及国内先进城市在城市绿地系统的规划编制、建设实施和保障机制等多方面各有特色，为我们深入研究和科学选择城市绿地建设的模式提供了宝贵的经验。

## 5.1 国外案例

### 5.1.1 英国

工业革命后，英国率先开展了以拯救城市环境为目标、以建造城市公园为举措的绿地系统建设。1843年伯肯海德公园（Birkenhead Park）的建造完成标志着世界上第一个城市公园的诞生。随后在英国各地均发起了公园建设浪潮，曼彻斯特的菲利普公园、王后公园、海德公园等相继开放。这一系列公园群对城市环境的改善起到了重要的作用，也为城市居民提供了丰富多样的活动空间。伦敦绿地数量规模大、绿地率高，绿地和水体占土地面积的2/3[①]，享有“世界五大绿都之一”的美誉。早在1991年，伦敦的城市公共绿地面积已超过172km$^2$，人均公共绿地面积24.64m$^2$，绿地覆盖率达43%[②]。从指导思想、主要内容、实施路径来看，英国的绿地建设有以下几方面成功经验值得我们借鉴：

一是坚持绿地系统与城市总体布局相融合的规划理念。英国是最早提出建设花园城市的国家，19世纪末社会学家霍华德提出的“田园城市”理论，成为20世纪全球最重要的城市规划理论之一。这一理论立足于建设城乡结合、环境优美的新型城市，主张将绿地系统融入城市规划的总体布局，也奠定了英国城市绿地系统规划的理论基础。在这一理论的指导下，20世纪30年代起，英国开始提出城乡一体化的建设思路，从保护自然环境资源包括农业地区的角度出发，分层次开展绿地布局，最终形成了从城市到乡村的、网络健全、生态保护优先的绿地系统[③]。

① 刘欣．伦敦绿化经验及其对北京的启示[J]. 北京人大，2013（10）：44.
② 张庆费等．伦敦绿地发展特征分析[J]. 中国园林，2003（10）：55.
③ 张晓佳．英国城市绿地系统分层规划评述[J]. 风景园林，2007（3）：74-77.

二是建立了一个完善的城市绿地系统。英国的绿地系统规划构建了国土规划、区域规划和城市规划三个层面相结合的体系，各空间层次对应不同的绿地要素（具体规划层次和规划对象参见表 5-1）。在国土规划层面所有用地的规划和定位以环境保护为重点，以土地利用规划为依据，形成了国土范围的用地类型和自然保护区域的绿地规划，各类绿地（包括农田）成为规划主体。在区域规划层面城市和绿带形成了相互制约的两个主体，城市绿带的建设直接影响了城市空间形态。1944 年由阿伯克隆比主持的大伦敦规划（The Greater London Plan），提出在伦敦周围建设一条宽约 8km 的“绿带”，由内向外布局四个圈层，即内圈、近郊圈、绿带和外圈，以用来阻止伦敦的进一步扩张。经过几十年的建设和保护，伦敦市内大型绿地占比较高，绿地系统形成绿色网络，环城绿带呈楔入式分布，通过绿楔、绿廊和河道，将城市各级绿地联成网络[①]。在城市规划层面则以展现景观功能、游憩功能的公园体系为主，形成了城市周围绿带、公园、绿色廊道等多种类型构成的城市绿地系统。伦敦的开放空间规划充分反映出环带状网络化—城市公园均布化—城市绿道网络化建设的阶段式发展过程。1951 年伦敦景观建设指导（London Landscape Guide）、1976 年大伦敦发展规划（The Greater London Development Plan）这两个规划都是从开放空间在城市中的均匀分布角度考虑的建设思路。1976 年以后，伦敦开放空间建设中的一个重大转变就是增加了绿色廊道的规划内容。1991 年伦敦开放空间规划的绿色战略报告（Green Strategy Report）提出了步行绿色通道、自行车绿色通道、生态绿色通道和河流网络叠加的网络系统，进一步拓展了“绿色”的概念，为城市绿地系统的规划设计提供了新的要素。这一时期产生的绿色廊道的概念，进一步衍生出蓝色廊道（blueway）、公园道（parkway）、铺装道（paveway）、自行车道（cycleway）、生态廊道（biological-corridor）、空中廊道（skyway）等多种形式的城市绿地（表 5-1）。

① 何梅，汪云，夏巍，李海军，林建伟．特大城市生态空间体系规划与管控研究 [M]. 北京：中国建筑工业出版社，2009.

英国绿地系统规划层次及规划对象一览表　　表 5-1[①]

| 规划层次 | 相应层次的绿地系统规划对象 |
| --- | --- |
| 国土规划（Town-Country Planning） | 城市绿带、农业用地、国家公园、自然景观良好地带、特殊科研基地、自然保护区 |
| 区域规划（Regional Planning） | 城市绿带 |
| 城市总体规划（City Planning） | 城市公园体系及城市绿色廊道 |

三是综合考虑级别、服务半径、绿地覆盖率、人的功能需求等多种因素，合理布局城市绿地。1976 年大伦敦发展规划首次提出公园应按照不同的大小等级来配置，将公园分为近郊公园、城市公园、区域公园、地区公园、小型地区公园等五种类型。其后，在城市建设过程中，公园的内涵和类型不断丰富，在大伦敦绿地系统规划（The all London Green Grid）中，又补充了口袋公园和带状公园两种形式，并明确了各类型公园的规模从不足 $0.4hm^2$ 到 $400hm^2$ 不等，其服务半径从不足 0.4km 到接近 8km（具体分类及配置规模参见表 5-2）。并利用该标准，根据各类绿地的功能、服务范围进一步考察伦敦市民对绿地的满意程度，判断各类人群的绿地享有状态，从而规划新绿地，指导绿地开发、建设与管理（表 5-2）。

公园分类及配置规模一览表　　表 5-2

| 公园类别 | 建议规模（$hm^2$） | 服务半径（km） |
| --- | --- | --- |
| 近郊公园（Regional Parks） | 400 | 3.2 ~ 8 |
| 城市公园（Metropolitan Parks） | 60 | 3.2 |
| 区域公园（District Parks） | 20 | 1.2 |
| 地区公园（Local Parks and Open Space） | 2 | 0.4 |
| 小型地区公园（Small Open Space） | <2 | <0.4 |
| 口袋公园（Pocket Parks） | <0.4 | <0.4 |
| 带状公园（Linear Open Space） | 视情形而定 | 视情形而定 |

注：作者根据《大伦敦绿地系统规划》编译。

四是一系列的法律体系和行动方案共同支撑了绿地系统规划的实施。英国议会于 1835 年颁布“私人法令”，允许在多数纳税

① 张晓佳．英国城市绿地系统分层规划评述 [J]. 风景园林 .2007（3）：74-77.

人要求兴建公共园林的城镇，动用税收兴建城市公园。1938 年英国议会通过了关于伦敦及其附近各郡的《绿带法案》(Green Belt (London and Home Counties) Act)，试图通过国家购买城市边缘农用土地来保护农村和城市环境不受城市过度膨胀的侵害[①]。1940 年以后，英国出台《皇家委员会关于工业人口分布的报告》，提出了“疏散伦敦中心地区工业和人口”这一核心建议和在伦敦周围建设绿带的设想，对日后的大伦敦规划和英国的城市绿地建设产生了巨大影响。1947 年“城乡规划法”的颁布为绿带的实施奠定了法律基础，根据该法案几乎所有的土地开发活动都必须在获得政府颁发的规划许可证后才能进行，这使得规划部门有权控制绿带中的各类建设，避免了绿带受到破坏。1955 年起，英国全国范围内实施了城市绿带建设政策，之后先后建起了 13 条绿带。

此外，绿地规划及一些非法定性规划的制定为规划部门决策提供了参考，在绿地规划建设过程中也发挥了重要作用。以伦敦为例，目前，在大伦敦规划的指导下，形成了以绿地和开敞空间补充规划指引、伦敦绿地系统规划为重要内容，结合核心问题开展规划策略研究，用以指导规划开发的较为完整的规划政策框架(图 5-1)。

在大伦敦绿地系统规划模式的影响下，英国其他城市的绿地系统建设也取得了一定的成就。英国卡莱尔市于 2011 年 3 月委托 Rebanks 咨询公司制定绿色设施发展战略[②]，通过制定城市绿地发展战略过程使城市建设中各方利益相关者对城市绿地的价值达成共识。该发展战略规划将卡莱尔市建成一个“大绿城”，充分利用城市风景与环境资源、户外的绿色开放空间，以提高生活质量并增加弹性，创造一个绿色、可持续且具有地方特色的城市。该规划对卡莱尔市的人口现状进行了研究，目前该市 65 岁以上人口占 19%，预计 2029 年会达到 29.4%，随着老年化的加剧，应充分利用现有的户外开放空间来满足附近居民的生活需求，城市也能依此来检讨现有开放空间在设施建设、可达性等方面的问题(图 5-2)。

---

① 贾俊，高晶．英国绿带政策的起源、发展和挑战 [J]. 中国园林，2005 (3)：69-71.

② 朱金，蒋颖，王超．国外绿色基础设施规划的内涵、特征及借鉴——基于英美两个案例的讨论 [C].2013 中国城市规划年会论文集：1-15.

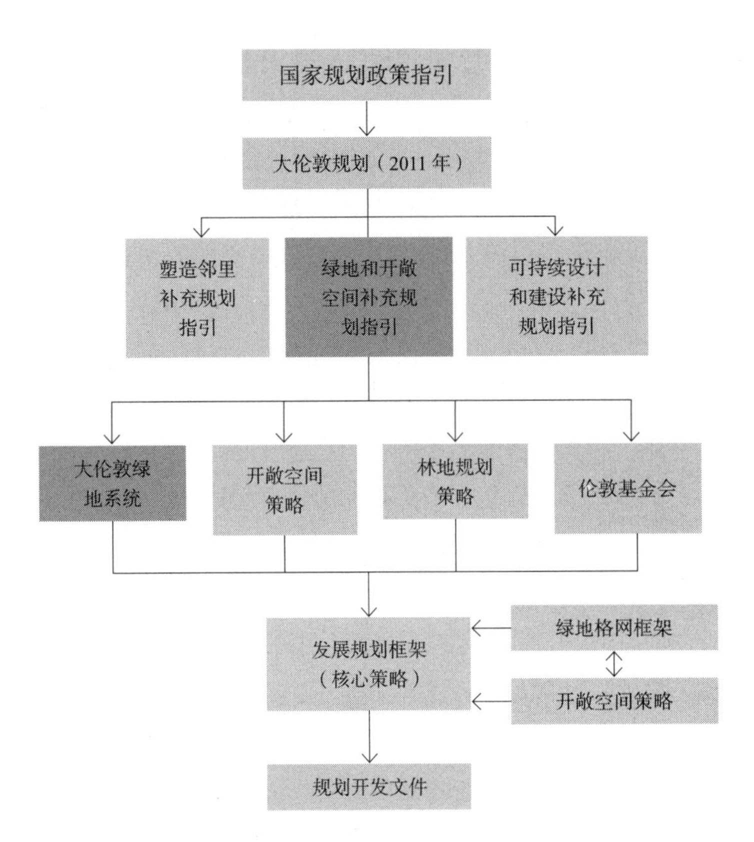


**图 5-1　伦敦绿地实施的政策框架**

注：作者根据《Green Infrastructure and Open Environments：The all London Green Grid Supplementary Planning Guidance，Mayor of London》编译

**图 5-2　英国伦敦绿地系统**

（资料来源：武汉市规划研究院）

五是绿地建设管理具有广泛的社会基础和自觉意识。在英国的城市建设史上，公园绿地的建设一直与城市公共空间的发展、改造和建设联系在一起。在建设实施中，采取公众参与的理念和措施，依靠民众、商业机构和非盈利性机构的参与，形成规模大、自觉性高的强大社会支持力量。在伦敦绿地的三级管理体系中，市政厅和区政府是决策者和指导者，区政府负责每一块绿地的详细规划，对每一块可改造成绿地的空地和改造作出评估，并向市政厅汇报；机关、学校和志愿者组织是具体的绿地维护者和管理者，接受区政府的指导并向其汇报。

### 5.1.2 美国

真正意义上的近代公园建设是从美国的纽约中央公园开始的。奥姆斯特德提出“把乡村带进城市”，利用纽约市大约348$hm^2$的一块空间改造、规划成为市民公共游览、娱乐的用地，建立起公共园林、开放性的空间和绿地系统，继而掀起了一场城市公园运动。经过一百多年的验证，美国公园绿地建设模式的以下几方面成功经验值得我们借鉴：

一是促进竞争，加强公共服务的供给。经过多年的实践，在为公众提供公共服务的过程中，政府逐步认识到提高公共服务效率的关键是公共服务的供给者之间需要竞争共存。而打破垄断的重要途径就是市场竞争，只有政府引入竞争机制，才能不断提高政府公共产品的质量。由于政府与市场之间分工明确，在政府改革过程中，形成了由政府、企业和社会团体多元参与并共同生产和提供物品的公共服务体系。在城市绿地建设方面，由联邦政府和州政府投资兴建大型城市公园绿地，由地方政府投资兴建中等规模的公园绿地，这些公园绿地建成后都交由公共服务部门进行管理。多元化的城市绿地提供模式拓宽了基础设施建设的渠道和实施管理的路径[①]。

二是科学务实的建设模式。美国公园绿地的建设方式坚持“用最少的投资，获取最大的效益”的原则，综合考虑公园效益、

① 叶松.福州城市滨水空间的都市型绿道建设初探——以福州市南江滨堤外公园绿道设计为例[J].绿色人居，2014(6):13-16.

经费情况和社会影响，具有相当的科学性和务实性。以社区绿地为例，作为美国城市公园绿地建设发展的主体，社区绿地从实用性出发，通常以室内外场地为主，辅以简单的乡土绿化种植，但又为社区居民提供了必要的聚会、运动、亲子、交往和休闲场所。即便是在低收入住区，也同样注重提供高品质的社区绿地（图 5-3、图 5-4）。

图 5-3　美国洛杉矶市的公园绿地

图 5-4　美国费城的城市沿街绿地

三是面向需求的游憩服务。在美国，每个达到一定规模的城市都会设置城市公园和游憩部门，来促进公园和游憩发展。城市公园无论采用何种建设模式，对游憩活动的组织、引导和服务都是管理工作的重点[①]。为此，美国政府以民众对城市绿地的需求为导向，在广泛调研和征求民众建议的基础上，通过行政手段制定城市居民服务的标准。多年的实践证明，只有需求驱动的绿地建设才能满足民众对绿地多元化的需要，才能促进城市绿地服务水平的提高。

以 2010 年美国学者 Nina Rappaport、Brook Denison 和 Nicholas Hanna 主持的拉斯维加斯 Harrah 街区总体规划为例[②]，在确定整体公园绿地空间体系时，首先通过调研识别出该街区人流活动集中密集区，并结合居民的活动规律，布局各种公园绿地。同时，在 Harrah 街区林肯路的景观设计中，十分重视绿地对城市品质的提升作用，依托林肯路的开敞空间，规划布局了带状的绿化景观带，最大限度地满足道路两侧城市居民对绿地服务的需求，同时极大地提升了城市景观面貌（图 5-5 ~ 图 5-7）。

四是全过程的公众参与和灵活开放的管理体制。民众、商业机构和非盈利性机构参与城市公园的建设管理，是美国涉及公园管理时常用的表达方式。明尼阿波利斯市（Minneapolis）位于美国中部偏北，是“万湖之州”明尼苏达州的第一大城市，被评为美国十大绿化最成功城市之一的“度假之城”。明尼阿波利斯公园体系（Minneapolis Park System，以下简称 MPS）是 19 世纪中期以后美国城市公园运动的产物，继中央公园、芝加哥公园区、波士顿“翡翠项链”后影响十分显著的城市公园系统[③]。MPS 具有完善的管理机制，由专门的管理机构“明尼阿波利斯公园与游憩委员会（The Minneapolis Park & Recreation Board，MPRB）”组织管理，其成功之处在于公众参与在城市公园体系规划建设和管理中发挥了显著的成效，形成了全过程的公众参与，并通过一

① 方家，吴承照．美国城市公园与游憩部的地位和职能 [J]. 中国园林，2012(2):114-117.

② Nina Rappaport,Brook Denison，Nicholas Hanna.Yale School of Architecture Edward P.Bass Distinguished Visiting Architecture Fellowship Learning in Lasvegas Charles Atwool/David M.Schwarz，2010:100.

③ 刘蕾．美日城市绿地规划中公众参与机制研究与启示 [C].2017 中国城市规划年会论文集 :942-954.

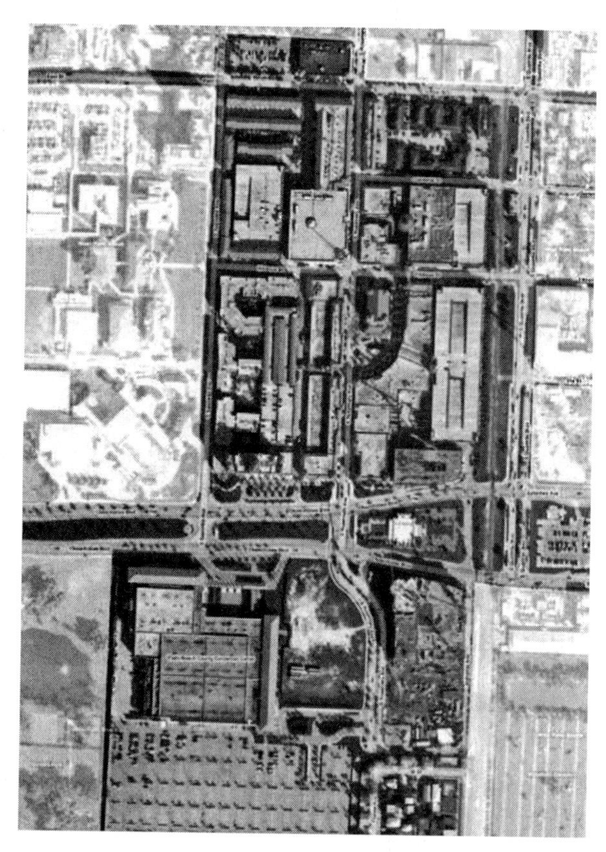

图 5-5 美国拉斯维加斯的 Harrah 街区
（资料来源：Yale School of Architecture Edward P.Bass Dstinguished Visiting Architecture Fellowship Learning in Lasvegas Charles Atwood/David M.Schwarz）

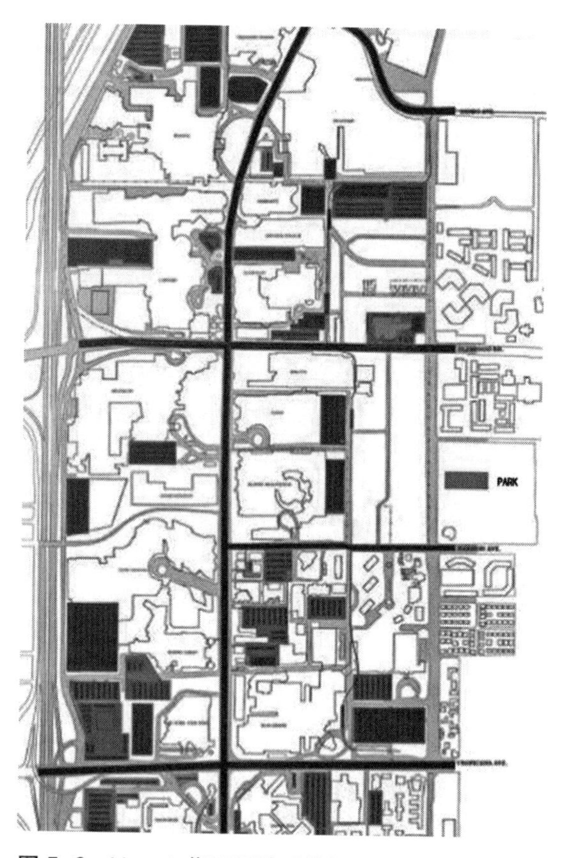


图 5-6 Harrah 街区绿地系统规划
（资料来源：Yale School of Architecture Edward P.Bass Dstinguished Visiting Architecture Fellowship Learning in Lasvegas Charles Atwood/David M.Schwarz）

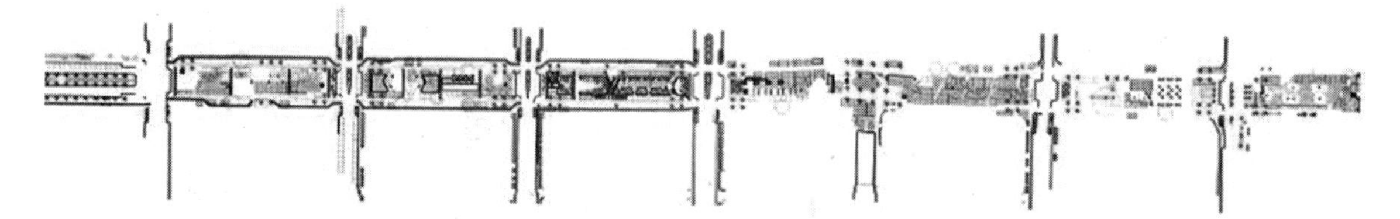

图 5-7 林肯路绿地景观设计
（资料来源：Yale School of Architecture Edward P.Bass Distinguished Visiting Architecture Fellowship Learning in Lasvegas Charles Atwool/David M.Schwarz）

系列完善的组织机构和制度框架推进公众参与。MPRB 是明尼阿波利斯城市公园体系的核心组织管理机构，也是公众参与的主要平台，与明尼阿波利斯公园基金会、各公园组织协会、社区组织协会、非营利组织等共同构成了公众参与的组织体系。MPRB 制定的城市公园管理法令明确规定了社区参与的程序、形式和内容，并指出社区参与的概念等同为公众参与。从法律上给予公众参与明尼阿波利斯城市公园体系规划建设和管理以法定的决策权。法令明确指出城市公园系统中的每个项目必须制定社区参与规划，并报送委员会审批和修订。法令约定项目负责机构执行公众参与的程序、形式和内容：包含前期筹备和项目评估阶段、社区参与规划、成立咨询委员会、公告制定四部分内容。此外，MPRB 还专门设立了志愿者团体，分为 10 多个志愿者协会，市民可以通过自愿报名方式加入到各类别的公园建设与维护管理中。

### 5.1.3 日本

20 世纪初，日本在经历了快速城市化和工业化后，城市环境问题日益突出，引起了政府的重视。在此背景下，东京都提出了“东京市区改正设计”的改造计划，其中有关公园的规划的内容集中体现在《东京公园计划书》的成果中，这是东京第一个公园规划标准，它首次将公园按照功能进行分类，并制定了人均公园的面积标准[①]。1923 年日本关东大地震之后，日本政府部门重新认识到公园绿地对疏散减灾的重要作用。东京《首都复兴规划》首次提出了城市公园绿地的配置方案，有效地指导了此后城市绿地的建设实施。在该项规划颁布实施以后，为了确保实施效果，日本又先后于 1931 年颁布了《国立公园法》、1956 年颁布了《都市公园法》等法律法规[②]，使日本的公园绿地从规划设计到建设实施的法规保障体系更加趋向合理、系统、完善（图 5-8）。

首先，日本政府十分注重城市绿地的设施完善与布局的合理，认为这是保障城市绿地使用效率的基本条件之一。日本的公园绿地配套设施共分为九大类，为了确保城市绿地的服务水平，日本政府明确规定不论其公园规模大小，必须配置一定数量的儿童游戏场所及设施，并应根据其服务半径特点进行设施配备，极大地提高了城市绿地为城市居民服务的水平，这也是其鲜明特征之一。1919 年《都市计画法》规定，东京行政区域面积 3% 以上作为公

① 何梅，汪云，夏巍，李海军，林建伟．特大城市生态空间体系规划与管控研究 [M]. 北京：中国建筑工业出版社，2009.

② 韩旭．深圳市城市公园特征及衍化研究 [D]. 广州：中山大学，2008:89.

**图 5-8 日本东京城市公园绿地**
（资料来源：武汉市规划研究院）

园用地保留。1923 年首都复兴规划中一共确定了 6 处大型公园、52 处小型公园（小公园与小学为邻，为社区公园）。1956 年颁布的《都市公园法》规定了公园的管理主体和配置标准。1957 年东京政府对东京公园绿地规划进行了一次较大的修编，此后几十年时间内容基本没有大的改动[①]（图 5-9、表 5-3）。

其次，日本政府通过出台相关法律和政策，强化对绿地系统的规划设计、公园绿地的建设、绿地的保护和绿地的使用。1946 年，日本政府通过出台《特别城市规划法》建立了“绿地地域”制度，通过该法律明确规定了在绿地地域内建筑行为必须得到政府相关部门的许可，具体建筑方案中，建筑密度必须在 10% 以下。1950 年代，由于人口、产业不断向东京等特大城市进一步集聚，特大城市中居住用地已明显不能满足日益增长的人口所带来的用地空间需求，许多城市绿地被变更为住宅用地以满足居住的需要。例如，东京市从 1945 年起，此后 20 余年间经历了 29 次绿地地域制度的变更。作为指导东京建设指引依据的 1948 年版本《东京复兴计划绿地及公园规划》，其中规划绿地全部变更为其他类别的用地。日本政府也意识到绿地地域制度实际上未能发挥出控制和保护城市绿地空间的作用，必须建立完善新的法规保障体系来实现对城市绿地的保护和管控。在此背景下，东京于 1966 年

① 何梅，汪云，夏巍，李海军，林建伟．特大城市生态空间体系规划与管控研究 [M]. 北京：中国建筑工业出版社，2009:62.

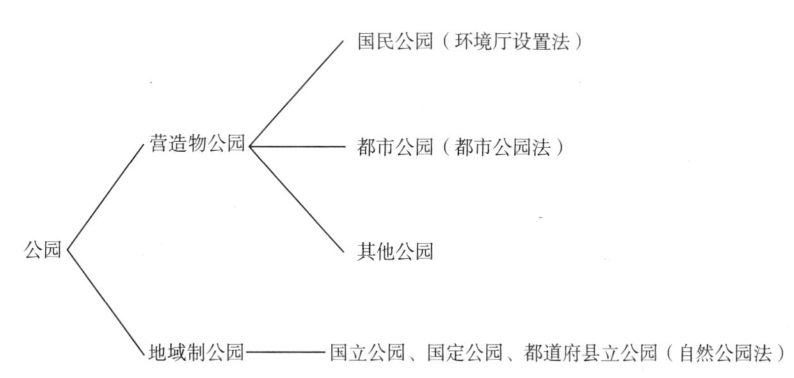


**图 5-9　日本现行的公园分类体系**
（资料来源：武汉市规划研究院）

**日本都市公园体系**　　**表 5-3**

| 都市公园种类 | | | 面积（$hm^2$） | 服务半径（m） |
|---|---|---|---|---|
| 基干公园 | 住区基干公园 | 街区公园 | 0.25 | 250 |
| | | 近邻公园 | 2 | 500 |
| | | 地区公园 | 4 | 1000 |
| | 都市基干公园 | 综合公园 | 10 ~ 50 | 整个市区 |
| | | 运动公园 | 15 ~ 75 | 整个市区 |

资料来源：武汉市规划研究院。

颁布了《首都圈近郊绿地保全法》，明确界定了东京近郊的绿地保护区范围，并进一步划定了需要特别保护的地区界限范围，以此加强对东京都周边的近郊绿地的保护。此后，经过近 30 年的实践，东京市政府总结了《首都圈近郊绿地保全法》的经验得失，于 1994 年颁布了修订后的《都市绿地保全法》，明确了通过建立绿地基本规划制度，完善对城市绿地的保护和管制。

第三，日本政府运用多重手段激励社会各界参与城市绿地的保护工作。日本政府通过对公众实施多种补偿和奖励方式来确保城市绿地规划目标的实现，包括有损失补偿、征地及税金减免等。在土地所有者申请土地利用性质变更时，政府对有价值并被保留下来的永久性绿地进行有偿征地，即为“征地制度”；在土地被指定为控制性绿地后，政府向土地所有者发放一定数量的补偿金以减少土地被征用后可能造成的土地差价上的损失，即为“损失补偿”；被指定为保护区的土地所有者可以少交90%的固定资产税，即为“税金减免”。

### 5.1.4 新加坡

新加坡国土面积十分狭小，但政府十分重视城市绿地的建设，从20世纪60年代提出建设“花园城市”的理念[①]，到1990年代末提出“花园中的城市”愿景，21世纪后开始强调从整体城市环境入手，通过强化城市绿地的可达性、服务性、生物多样性，提升城市绿化质量和服务水平。一系列的措施实施后，新加坡的市区人口人均公共绿地面积达25m$^2$，名列世界前茅[②]，已建成公园数量超过340个（包括组团之间的大型公园和连接公园之间的生态观光带），每隔500m左右有一个1.5hm$^2$左右的居住区级公园，每个镇区有一个10hm$^2$左右的公园。新加坡城市绿地建设成绩斐然，主要得益于以下几方面经验：

第一，在国土空间资源极为有限的情况下，十分注重保护和珍惜自然生态环境。为了强化对城市绿地的保护，新加坡国家公园局将树木、花园和公园系统作为“绿色资产”建立统一的管理目录进行归类管理，将大约3000hm$^2$的树林、候鸟栖息地、沼泽地和其他自然地带规划为自然保护区，明确其边界和保护要求。

第二，拥有优化的布局结构和完善的绿化体系。新加坡的公园绿地系统中有两个重要内容，一是公园的分级分类指标，二是公园绿地的面积指标。新加坡的公园绿地分为四种形式：占地面积最大的一是地区公园，可为城市居民提供休闲活动场所和较为接近自然的城市环境；二是服务于城镇居民的城镇公园，这类绿地占地面积约10～50hm$^2$；三是靠近居住社区布局的社区公园，面积一般为0.2～0.5hm$^2$；四是城市公园，包括市中心的广场和小型开放绿地。针对公寓型房地产开发和公共住宅等不同项目，新加坡制定了细致的绿地指标，严格规定了建筑用地的占比、公园的数量和规模，以及公园绿地的植栽要求（图5-10）。

① 黄元浦．从国际花园城市竞选看城市现代化[C]．中国建筑学会成立50周年暨2003年学术年会，2003（10）．

② 姚兆祥，梁日凡．借鉴新加坡城市绿化经验探讨我国节约型园林建设模式[J]．广西职业技术学院学报，2009（6）：9．

**图 5-10 新加坡城市公园绿地**

第三，将城市绿化作为国家战略目标贯彻于城市规划、建设、管理的每个环节。首先，新加坡明确了国家公园管理局是负责公共绿地的唯一责任单位，严格控制用地用途，并积极衔接各相关部门，每块土地开发前，国家公园管理局要协调市区重建局提供开发条件，并对该范围内的树木、花卉还提出具体的保留、栽植建议，在住房建设过程中也制定了明确的绿地指标。例如，在房地产项目中明确并监督落实每千人应有 0.4$hm^2$ 的开放空间①。

第四，建立了相对完善的法律法规以保障城市绿地不受城市建设侵害。1975 年，新加坡政府出台《公园和树木法案》，20 世纪 90 年代后，颁布了《国家公园法案》，并在 2005 年修改完善形成了《国家公园委员会法案》，建立起城市绿化保护的专门法律制度。这些法律既为政策推行提供了法律依据，又赋予政府机构相应的法律效力。同时，法律明确了如绿地损害赔偿制度在内的建设管理措施，严格而细微，涵盖了修复受损花草树木所需要的人力和物力，对城市绿地的建设实施提供坚实的保障。

第五，全力推行社会广泛参与绿地建设实施。政府不仅鼓励公众参与绿地建设，同时在绿地建设实践过程中也通过各种媒体宣传渠道，广泛征集市民的反馈意见，以确保绿地建设沿着正确的方向实现目标。

① 胡明杰 . 新加坡城市公共空间的规划理念借鉴 [J]. 华中建筑，2012（7）：142.

### 5.1.5 国外经验总结

总结国外城市绿地建设实践，主要有以下几方面成功经验值得我们借鉴：

一是坚持以人为本，建立完善的城市绿地规划指标体系。在我国，在“生态城市”“园林城市”的评比中，绿地率成为重要的规划标准，甚至是首要标准，而对绿地规划布局的合理性欠缺足够的重视。相较于我国绿地系统规划“点、线、面结合”为典型代表的规划思路，以及对各类绿地进行定性、定量、定位的规划方法而言，国外在规划中更注重绿地的使用功能，将生态性、人文性以及防灾避险等综合要素纳入考量，并将城市开放空间、国家公园、绿色通道等广泛的概念纳入绿地范畴。除了绿地覆盖率、人均公共绿地、人均公园面积等基本指标之外，尤其注重将绿地空间布局、功能状态、可达性及人的满足程度等作为重要指标，形成更为人性化、更全面完善的绿地规划指标体系，甚至针对不同类型城市居民的需求特点，对城市绿地的配套服务设施进行合理配置，体现了对人全面关怀的规划思想。

二是强调科学务实，创新城市绿地建设模式。只有当城市绿地的规划建设在发挥其综合功能的前提下，结合生产、经营管理，才能更好地为社会创造物质财富[①]。发达国家的城市绿地建设不仅有蓝图式的理想目标，同时也强调城市绿地建设的可实施性和为城市居民提供服务的功能。在建设模式的选择上从实际情况出发，力争以最少的建设成本，获取最大的社会经济效益。由于综合考虑了公园效益、经费情况和社会影响，发达国家城市绿地建设具有相当的科学性和务实性。

三是坚持多元供给，实现市场、政府机制的有机结合。从城市绿地的供给模式来看，由于我国市场机制尚不完善，虽然政府已从某些公共产品的供给领域退出，但始终仍是城市绿地产品供给的主导力量。而发达国家在城市绿地的建设过程中，注重政府机制与市场机制的有机结合，通过在城市绿地的生产与提供中引入市场竞争模式，实现社会资源的优化配置。同时，在城市绿地

① 姜洋 . 城市绿地系统规划浅析 [J]. 城市道桥与防洪，2013（3）：187-191.

的供给中引入市场机制还将对城市政府所提供的城市绿地公共服务起到监督作用。这一模式实质是强化将公共精神作为城市公共产品供给的行政伦理，充分发挥政府的宏观调控作用，从总体上规划和控制城市绿地的生产与供给，又可以使政府与市场能够发挥各自的优势，利用市场竞争机制来提高城市绿地为城市居民提供服务的效率。

四是健全政策设计，为绿地建设实施提供保障。从国外经验来看，绿地系统的形成需要绿地的建设和原有绿地的保护双管齐下，而保护绿地的方法除了控制建设以外，还应明确绿地产权、补偿机制、奖励办法等，以提高相关主体建设和保护绿地的积极性。由于涉及政府、社会组织、私人部门等多元主体，其相互关系的界定和在实践中的有效运作更是需要相关法律制度的制定和完善，以规范在城市绿地市场化、社会化过程中可能出现的各种问题和矛盾。

五是鼓励公众参与，夯实绿地建设的社会基础。绿地的建设实施是改善人居环境、促进社会和谐的重要载体。通过采取政府引导、完善立法、公私兼营、公众参与的理念和措施，吸引民众、非盈利性机构的支持和参与，有利于形成规模大、自觉性高的强大社会支持力量。

## 5.2　国内案例

### 5.2.1　北京

自2001年获得第29届奥运会主办权以来，北京市积极践行“绿色奥运、科技奥运、人文奥运”的理念，以“办绿色奥运，建生态城市”为总目标，把城市绿化美化和生态建设作为履行对国际社会承诺的重要内容，绿地生态建设实现了跨越式发展。根据国家林业局2008年发布的统计报告，北京市完成了申奥报告中承诺的包括绿化率、绿化覆盖率、“两河十路”绿化带等全部七项“奥运绿色指标”。回顾北京奥运时期的绿化建设，其在规划、管理以及建设实施等各方面均有值得总结借鉴的经验。

5.2.1.1 强调规划引领作用，切实制定建设目标

北京市 2000 年城市绿化普查的数据显示，城区人均公共绿地为 3.63m²，而同期欧美以及亚洲 20 个主要城市的人均公共绿地面积为 37.2m²，差距非常明显。为此，2001 年北京提出生态环境建设实现跨越式发展的要求，并制定了《绿色奥运——2008 年生态环境建设行动计划》。这一计划明确了北京市城市绿化工作的思路，即针对绿化总量不足、布局和结构不尽合理等问题，积极采取措施，结合奥运建设（图 5-11）、旧城改造和历史文化名城保护的要求，以中关村、CBD、金融街的规划实施和中心城区污染企业搬迁等为契机，在详细盘整各类绿地的分布、规模、功能和所有权的基础上，提出了绿地系统规划建设的详细目标。包括：城市建设区绿地总面积达到 381km²，人均公园绿地达到 15m²，在中心城区增加规划城市绿地 279hm²，市中心城区的规划人均公共绿地达到 6m²，基本满足各类公共绿地 500m 的合理服务半径，等等。根据国家林业局相关统计，至 2007 年，北京市总计增加绿地 1000hm²，人均公共绿地达到 12.6m²，已经超前实现了这一计划确定的规划目标。

**图 5-11 北京奥运绿化建设实景**

图片来源：中国风景园林网 强健摄影

5.2.1.2 严格绿线规划管理，强化规划可操作性

为确保规划绿地得以严格落实，保障各类绿地的实施建设，北京市进一步强化了城市绿地作为城市基础设施的概念，依据2002年审议通过的《城市绿线管理办法》率先开展了绿线划定工作。据统计，北京市城市绿化覆盖率由2000年的36%增加到2017年的43%，人均公共绿地由9.66m$^2$提高到12.6m$^2$，总计增加绿地1万hm$^2$、树木2271万株、草地植被4653万m$^2$。

5.2.1.3 采取重大工程带动的建设模式，创新配套政策保障建设

北京按照大工程带动大发展的思路，将绿化造林项目按照不同类别、不同区域、不同直属部门等进行系统性的整合，形成了包括山区绿色生态屏障建设工程、以“五河十路”为重点的绿色通道建设工程、城市中心区绿化美化工程等在内的十项重点工程，系统、高效地推进了各类生态绿化项目的建设实施（图5-12）。同时，通过一些政策的改革创新，加强了工程的实施保障。以生态林地建设为例，在摸清全市林业碳汇价值量的基础上，北京市政府于2004年起每年投入2.2亿元，建立了山区生态补偿机制，并完善了补偿标准动态增长和生态林管护员全员人身意外保险等制度，极大地促进了山区农民养山就业、兴绿增收。

**图5-12 北京奥林匹克公园森林公园龙形水系鸟瞰**

图片来源：清华同衡风景园林研究中心设计 北京奥林匹克森林公园规划设计项目

## 5.2.2 深圳

深圳市作为我国第一个经济特区，30 年时间从一个小渔村发展为我国特大城市、世界城市，不但在经济建设方面飞速发展，在绿化建设、环境保护等方面也取得了重大成就。20 世纪 80 年代建设伊始，深圳便提出了“园林式、花园式现代化国际性城市”的发展目标[①]，后来通过在城市绿色空间规划与管理领域不断地、持续地探索和实践，从早期的“公园之城”建设，到构筑全域生态绿地系统，再到划定“基本生态控制线”，其人居环境建设的规模、水平、质量一直都处于全国前列，其规划管理方法、政策设计也颇具创新性（图 5-13）。

**图 5-13 深圳香蜜公园**
图片来源：李永红摄影

5.2.2.1 以兴绿惠民为重要民生，坚持“公园之城”的发展目标

深圳建设伊始便学习新加坡经验提出了“绿色城市”和“花园城市”的理念，1998 年进一步提出“园林式、花园式现代化

① 盛鸣. 新时期深圳市绿色空间规划与管理的新思维 [J]. 规划师，2012（2）：70-74.

国际性城市”的发展目标，为其后城市绿色空间的规划与管理创造了良好条件。至今深圳已先后编制了三轮城市绿地系统规划，确立了公园在城市生态绿地系统中的重要地位，形成了完善的规划内容和管控要求。从1990年起，深圳连续三年将绿地和公园作为政府为民办实事工程之一；2005年，政府以建设100个社区公园为抓手，将社区公园建设列入市政府年度十件民生实事，当年便超额完成100个社区公园建设的目标，至2010年年底全市已建成社区公园594个，深圳“公园之城”的格局已初步形成。

在大力提升公园数量与规模的同时，深圳市还着力实施精品工程，通过营造“一园一特色”，不断丰富城市文化内涵，提升公园服务水平。从2006年开始，深圳市连续多年举办“公园文化节”，通过这一形式促使市民更加关心自己生活的城市，也为深圳铸就了又一个重要的文化活动品牌，进一步提升了城市形象。

5.2.2.2　构建多元立体的生态共建格局

深圳市一直坚持生态优先的原则，并通过制定法规、规章和专项规划，使得生态保护工作有法可依。1994年，深圳率先在全国提出并执行对建设项目有“一票否决权”的环保审批制度，其后又颁布了《深圳经济特区城市园林条例》《深圳经济特区城市绿化管理办法》《深圳市基本生态控制线管理规定》《深圳市生态公益林条例》等法律、条规，通过法制化手段来保障城市的生态保护、绿地建设。另一方面，深圳先后出台了《深圳市城市规划标准与准则》《园林绿化养护技术规范》等技术标准，通过创新行业标准规范，为生态园林城市建设提供了保障（图5-14）。

深圳通过鼓励与多种措施引导，营造了全社会参与环境建设的格局，将人居环境的美化与市民生活要求结合在一起。《深圳市城市规划条例》明确规定，作为城市规划法定控制层面的法定图例的审批权归属于城市规划委员会，城市规划委员会的成员一半以上需由非政府公务人员的社会各界人士担任，使得来自社会各个团体组织的代表能对城市人居环境建设的发展方向享有充分的决策权。同时，深圳还借助新闻媒体宣传等各种形式，提供社会各界、各团体和公众参与环境建设的机会。

**图 5-14 深圳市大工业区中心公园**

图片来源：深圳风景园林网 深圳市世房环境建设（集团）有限公司设计项目

5.2.2.3 以公平与活力为导向，系统化构建公共开放空间的管理机制

深圳一直以来都非常重视对公园、广场、绿道、公共设施等公众活动场所的建设与引导。在以公平和活力为导向的基础上，不断探索、完善，逐步建立了“政府、市场、民众”等多方参与的良性互动机制，特别是针对非独立占地的公共开放空间的引导与制度化建设，形成了较为完整的、系统化的管理机制。为更好地引导和鼓励市场力量介入非政府掌控的公共空间，早在 2006 年，深圳市组织编制了全国第一个公共开放空间规划——《深圳市经济特区公共开放空间系统规划》（以下简称《开放空间》），标志着城市建设由追求规模、速度向追求质量的根本转变[①]。《开放空间》建立了较为成熟的规划引导指标体系和管理准则，提出了如人均公共开放空间面积、独立与非独立占地公共开放空间的人均面积等一系列指标标准，一方面使得规划编制及管理部门有法可依，另一方面使得管理部门对公共开放空间的建设引导更为

① 刘冰冰，洪涛．公共开放空间规划与管理实践——以深圳为例 [C]. 2015 中国城市规划年会会议论文集，2015（9）：535-542.

直接。2007年，深圳在《开放空间》的基础上又编制了《深圳市规划局详细蓝图编制指引》(以下简称《蓝图指引》)，将设计方案转换为便于管理部门使用并下达控制要点的“空间控制总图”，并明确了开发主体在地块内部开发建设时所必须提供的公共开放空间位置、规模以及与周边公共资源、公共空间的联系通道，使得非独立占地公共开放空间在管理层面真正得到落实。随后的深圳欢乐海洋、卓越INTOWN等项目都采取了这种管控方式，并取得了不错的成效。2009年，深圳在经验积累的基础上出台了《深圳市城市设计标准与准则》，对开放空间的设置提出更加细致的标准，如“一般情况下，公共空间占建设用地比例为5%～10%，10000$m^2$的地块宜采用上限标准，大于10000$m^2$的地块宜采用下限标准”等，使得非独立占地公共空间在规划编制层面进一步得到了保障。其后，针对用地资源紧张、公共服务设施水平有待提升的主要矛盾，深圳结合旧城改造相继又出台了《深圳城市更新办法》及《深圳市城市更新办法实施细则》，将公共空间的实现纳入到制度设计范畴，如在《实施细则》第十二条第三款明确提出了“城市更新单元内可供无偿移交政府，用于建设城市基础设施、公共服务设施或者城市公共利益项目等的独立用地应当大于3000$m^2$且不下于拆除范围用地面积的15%”。从以上深圳市公共空间规划管理经验来看，其在规划编制、规划管理、制度建设等层面紧紧围绕“公平”与“活力”，通过不断积累、创新，最终构建了系统化的管理机制，建立起了政府、市场以及民众的良性互动。

5.2.2.4 创新监督机制，协同社会管理

《城市绿线管理办法》(2002年)提出了“省、自治区、直辖市人民政府建设行政主管部门应当定期对本行政区域内城市绿线的管理情况进行监督检查，对违法行为，及时纠正”。为有效促进绿地等生态建设严格落实，深圳建立了“监”与“测”“管”与“运”“行政”与“技术”分离的管理体制。人居环境监测及评价工程由专门评价机构来完成，评价机构受到政府及多元组织的监管，确保评价机构数据结果的真实、客观及准确。同时，建立人大代表、政府代表、行业代表、市民代表、媒体代表组成的多元型组织，加强对评价机构的监管。

为进一步协同社会力量共建生态，深圳还建立了良好的市民参与机制，保障市民的知情权、建议权和参与权，对涉及环境和生态的重大问题公开听证，所有重要的项目规划，包括公园的建设规划均要求公示，广泛征求意见，集中民智，反映民意。

### 5.2.3 杭州

杭州素有“人间天堂”美誉，山水相依、湖城合璧，20 世纪末随着城市快速的发展，其城市基础设施建设落后、绿化水平较低、人均公共绿地面积少等问题也日益突出。为此，早在 2003 年,杭州市便确立了“环境立市”的发展战略。经过多年努力，杭州先后获得全国绿化模范城市、2009 年，杭州被列为第二批全国生态文明建设试点市、是唯一的副省级省会城市，此后，又先后获得国家级生态市、国家生态园林城市的称号，在生态绿化建设方面走在了全国前列，实现了经济增长与生态环境协调发展的良性互动（图 5-15）。

**图 5-15 杭州钱江新城鸟瞰**

图片来源：杨敏摄影

5.2.3.1 创新体制机制，完善保障措施

生态环境建设是一个涉及经济、社会和环境等各个方面的复杂的系统工程，为有效推进生态建设，杭州市结合生态文明城市创建工作构建了统筹运行机制，将生态市建设和生态文明建设两块牌子合二为一，成立了由市委书记任组长，市长任常务副组长的杭州市国家生态文明试点市暨生态市建设工作领导小组，在十八届三中全会以后，又在原领导小组的基础上，成立了杭州市生态文明建设（“美丽杭州”建设）委员会,将“美丽杭州”建设、国家生态市创建、全国生态文明城市试点工作一并纳入其中，实行统一领导。在此基础上，同时逐步建立健全了生态建设的目标责任制和督查、考核机制，并逐步推动生态目标考核从工程建设为主向环境质量为主、从定性考核向定量考核转变，率先开展乡镇交界断面考核,体现地方政府对环境质量负总责的宗旨。将“美丽杭州”建设任务、生态环境质量目标及治水、治气、治堵、治废等工作纳入对各区、县（市）党委政府和市直部门的综合考评中，逐步构建相对完善的“绿色 GDP”考核体系。以淳安县“美丽杭州”实验区建设为例，逐步建立完善淳安实验区单列考评体系，不再考核 GDP 等经济指标。

同时，为切实保障相关工作能顺利落实，杭州市一方面为强化政策落实，相继颁布了《关于加快推进杭州生态市建设的若干意见》《关于加快推进生态建设与环境保护的若干意见》《关于落实科学发展观加强环境保护工作的若干意见》等为代表的一系列政策措施，并层层落实到生态建设和环境保护的责任制；另一方面则通过相继出台《杭州市推进生态市建设的决议》《公众参与实施细则》《关于推进生态型城市建设的若干意见》等，通过健全政策法规强化生态建设制度保障[①]。

5.2.3.2 建立专项资金，资金保障体系

2001 年，国务院出台了《国务院关于加强城市绿化建设的通知》，进一步明确了城市绿化建设资金要坚持以政府投入为主的方针，同时也提出了建立稳定的、多元化的资金渠道的相关要求。杭州市结合自身的经济发展条件，通过争取国家立项和地方

① 刘妙桃，苏雯 . 杭州生态环境建设的成就及其动因 [J]. 生态经济，2010（2）: 426-430.

企业支持，吸引国际援助、境外资金和民间资金，建立生态环境建设基金及污染治理专项基金，多渠道积极争取国债资金以及国家、省级各类专项补助资金。另一方面，通过各级政府将生态环境建设资金列入财政预算，并按一定比例逐年增长，逐步加大对欠发达地区生态建设的财政转移支付力度，增加财政补助资金，加强地方专项资金配套，完善政策调控措施。

5.2.3.3 规划与工程并举，强化建设实施

一直以来，杭州强调规划与项目并举，一方面强调规划的引领作用，另一方面以项目带动的方式强化了规划实施，有效推进了城市生态环境建设。自“环境立市”以来，杭州市以园林绿化建设为基础，倡导“让森林走进城市、让城市拥抱森林”，提出打造生态林、产业林、景观林“三林共建”的森林体系（图 5-16），建设林网、水网、路网“三网融合”的宜居城市目标，先后组织编制实施了《杭州生态市建设规划》《杭州绿地系统规划（2007—2020 年）》《杭州市生态文明建设规划（2010—2020 年）》《杭州市生态环境功能区规划》《杭州市生态带概念规划》《“美丽杭

**图 5-16 杭州西溪湿地阿里巴巴园区**
图片来源：作者自摄

州”建设实施纲要（2013—2020年）》等一系列规划，形成了生态市—生态县—生态乡镇—生态村四级生态规划体系。在相关规划的基础上，又结合项目建设相继深化编制了多项行动计划，如《杭州市“三改一拆”三年行动计划（2013—2015年）》《杭州市打赢蓝天保卫战行动计划》《杭州市新植珍贵树五年行动计划（2016—2020年）》等，将规划结合工程建设予以落实。以老城区改造为例，结合五水共治、三改一拆、城中村改造等工作，十年间建成湘湖公园、城北体育公园、皋亭千桃园、三山公园、江洋畈生态公园等公园绿地314处，城区累计新增绿地面积达5856万$m^2$[①]。

### 5.2.4 国内小结

#### 5.2.4.1 树立绿色发展理念，坚持生态保护为原则

当前我国大部分地区城市化仍在不断推进，生态环境保护与城市发展之间的矛盾也越发突出。党的十八大以来，生态保护作为国家的发展战略，其对地方城市的绿地建设也提出了更高的要求。从以上三个城市的经验来看，无不是秉承生态发展的理念，将生态环境建设作为城市发展的一项基本原则予以严格落实。只有首先从以往的GDP为导向向绿色优先的价值观转变出发，才能从规划的编制、管理到实施建设的保障机制等各个层面予以贯彻落实。考虑到城市绿色空间在短期内难以获得现实的经济效益，因此只有坚持长期的、不懈的努力，通过不断的机制完善，构建系统、完整的生态文明制度体系，将生态文明建设纳入法治化、制度化轨道，最终才能形成人与自然和谐发展的现代化建设新格局。

#### 5.2.4.2 相关制度的建设与不断完善是城市绿地建设的重要保障

通过法规制度体系的建立，可以为城市绿地建设构筑一个科学合理、持久稳定的机制框架，而一个完善的制度框架应涵盖规

① 杭州入选国家生态园林城市 [N/OL]. 浙江新闻 http://zjnews.zjol.com.cn/zjnews/hznews/201711/t20171101_5498266.shtml.

划的编制、管理与实施各个层面。首先在规划编制阶段，通过审批、公示等完善制度可以有效促进规划成果的规范性、合理性以及科学性；在管理阶段，可通过相关的规划条例确保规划的法定性、刚性原则不受侵犯，避免规划调整的随意性和非理性；而在规划的实施阶段，则可通过相关机制的建立，有效推进绿地的快速实施；最后在绿地的维护阶段，则可依靠保护条例，通过社会监督等方式保障其不受损害。

5.2.4.3 加强以政府为主导，市场多方参与的统筹机制

我国的政治、经济体制决定了城市政府以及相关行政职能部门在绿地等公共产品建设中具有不可替代的重要作用。一方面，需要政府以及相关部门进行统筹协调，避免多头管理导致效率低下的情况发生，促进生态绿地等项目的顺利实施；另一方面，则是由于绿地作为公共产品，其产生的更多是社会效益和长远的生态效益，而非直接的经济效益，从可持续角度以及社会公平等角度出发，都需要政府不断地建设和引导。但是，仅依靠政府单方面推进生态绿化建设，不论是经济投入还是最终的成效方面都会相应不足。除生态绿地，还有医疗、教育、市政基础设施建设等公共产品也需要政府予以支持，政府财政压力往往较大。同时，缺少了社会民众以及团体的参与和关心，其绿地建设成效也无从考量。实践证明，由于缺乏动力激励，无论是“绝对保护”还是“消极被动保护”的规划管理机制，都难以适应社会发展需要。只有鼓励社会多元化的参与，并积极引导社会资金的参与，才能真正实现可持续发展。

5.2.4.4 强调规划科学性、合理性，及其引领作用

建设高质量的城市人居环境，一定要有高水平的规划作为引导。一方面，我们需要强调规划的科学性，只有依据科学的研究结论来布局公园绿地，才能真正发挥其生态效益、社会效益；另一方面，我们需要强调规划的合理性，不能仅仅依据理想蓝图来指导建设，需要结合实际建设情况、权属情况合理布局公园绿地，才能让规划真正具备操作性、实施性。同时，我们还需要强调规划的引领作用，尤其是在快速发展时期，通过项目工程推进绿地建设的过程中，高质量的规划对建设成败具有决定作用。然而，不论是在快速建设时期，还是立足长远、

持续开展的生态建设，都需要规划来统一思想、原则，并通过不断的深化、完善来指导后续工作，促进相关部门之间的统一与协调。

# 6 转型期城市绿地规划建设面临的新形势

## 6.1 城市对绿地功能内涵需求发生的转变

关于我国当前所处的重大战略机遇期所面临的各种形势，国内也已有权威媒体以及相关学者进行了详细解读，本书不再赘述，笔者仅从城市发展的角度出发，对相关主要的特征进行归纳总结，以便读者更好地理解转型期绿地建设管理所面临的新的形势。

### 6.1.1 绿地建设由注重城市形象景观提升向生态保护功能转变

之前介绍我国绿地建设历史阶段的章节已经提到，我国一直以来较为重视城市绿化建设，但随着城市社会经济的发展，不同时期绿地建设的目的则在不断转变。新中国成立初期百废待兴，绿化普遍较差，绿化以植树造林、改造荒地荒坡为主，核心目标便是改善城市环境面貌。随着改革开放的推进我国城市逐步由生产城市向消费城市过渡，各个城市对于塑造城市美好形象有了新的需求，我国城市绿地建设也更加注重其景观性。自 1992 年包括中国在内的一百多个国家首脑共同签署了《生物多样性公约》，进而我国又在 1997 年“十五大”报告中强调我国实施可持续发展战略，坚持保护环境为基本国策之后，生物多样性保护成为政府工作的重要内容和责任，绿地系统由此更加强调与生物多样性之间的关系，其绿地的空间布局、植被选择以及尺度等设计均更加强化了生态保护与生物多样性的要求。而随着近年科学技术手段的不断提升，城市绿地建设从规范的编制到空间布局，再到实施评估，都进一步地应用了生态景观学等相关科学研究成果。以 2010 年住建部颁布的《城市园林绿化评价标准》GB/T 50563—2010 为例，基于景观生态学关于 12m 宽度是区别线状和带状廊道的标准，提出了河道单侧绿地长度统计以宽度不小于 12m 的绿带为准。杭州于 2007 年编制的《杭州市城市绿地系统规划（2007—2020 年）》同样是基于此提出了滨水绿廊与交通绿廊的布局标准。另外，武汉市 2017 年开展的绿地系统实施评估工作，开创性地将景观连续度、廊道宽度、空气质量等一系列的生态标准均纳入评价指标体系。而受人瞩目的雄安新区规划设计，更是明确提出了生态空间不止于数量，生态系统和网络格局更加重要的理念[①]。相比较过往绿地系统规划强调点、线、面结合的空间布局，而今则更加深入生态系统及其功能结构的完善，强调网络化的生态系统，包括廊道的宽度、绿地斑块的面积等。

### 6.1.2 居民对城市绿地服务需求的不断提升

绿地作为城市居民最重要的休闲场所之一，其游憩功能服务水平近年来也在不断提升。前面提到的绿地生态功能、景观功能均是自上而下的，依据相关的理论、研究结论予以评价，而针对居民对于绿地服务的需求分析，最有效、直接的方式则是自下而上，通过问卷调查的方式。国内不少相关学者结合当地城市，从不同角度针对居民关于绿地服务需求开展了问卷调查分析工作，如王菲等从社会分异的角度分析居民对于绿地的功能感知[②]，陈爽等从绿地功能服务重要性认知和感知方面对南京市居民进行调查分析[③]。从相关研究的总体结论来看，除了一般区位可达性因素外，目前居民用于绿地的游憩时间支出相对较少，一方面是由于随着社会经济的发展，城市居民休闲方式的选择逐步多样化，如各类文化娱乐、商务休闲场所等；另一方面则是由于绿地本身的吸引力相对较弱。从相关问卷调查的反馈情况来看，居民对于绿地服务水平不足方面意见主要集中体现在活动场地不足，以及活动设施不足两方面，前者限制了活动形式和参加人数，后者则显得人性化程度不够，缺乏必要的服务设施，而这也与近些年来人们对于提高健康和生活质量直接相关的服务消费品的需求上升，更加重视运动健身以及身心健康的趋势相一致，运动休闲已经发展成为最为普及的公众休闲方式（图 6-1）。[④]

---

① 杨保军 . 规划新理念——雄安新区规划体会 [N/OL]. 中国城市规划网，2018-11-25.

② 王菲，董婕，周叶佳 . 居民对于城市公园绿地认知的社会分异研究——以苏州为例 [J]. 现代园艺，2017（8）: 26-28.

③ 陈爽，王丹，王进 . 城市绿地服务功能的居民认知度研究 [J]. 人文地理，2010（4）: 55-59.

④ 孙晓春 . 转型期城市开放空间与社会生活的互动发展研究 [D]. 北京：北京林业大学，2006.

**图 6-1　武汉沙湖公园**
图片来源：作者自摄

另外，国外的一些先进做法也可以带给我们一些很好的借鉴与启示，如日本为了提高公园利用系数，对不同年龄居民的不同要求，以及不同年龄的人在公园活动时间的长短及分布规律作了详细调查，探索在开放空间中能让多少人活动；又如1997 年建成的巴黎贝尔西公园针对越来越多的人以小团体的形式来到公园，并不喜欢受到其他团体活动干扰的趋势，通过网格状的布局形成相对分散的活动空间以适应其需求。[①] 总的来看，以往城市绿地偏重于开放空间的“装点门面”，强调景观、植被造景的单一功能已经无法满足当下时代居民需求，居民需要的是更加方便到达，有着合理的场地空间，有着适当分散灵活的功能分区，有着各类配套的活动设施，有着相应主题设施的“绿地活动”空间。

① 孙晓春 . 转型期城市开放空间与社会生活的互动发展研究 [D]. 北京：北京林业大学，2006.

## 6.2 转型发展阶段我国城市建设模式的主要特征分析

### 6.2.1 扩张规划向存量规划转变，城市规模提升向城市品质提升转变

城市规划业界的相关学者针对国内一些特大城市近年来逐步凸显的人口发展和资源环境的冲突、建设用地紧张与社会分化加剧等矛盾，较早地提出了存量规划、减量规划的概念[①]，并结合国家相继出台的政策就未来城市发展方向提出了相应的前瞻性解读，如邹兵辩证地提出了增量与存量之间的关系[②]，包括当增量扩张受到约束，如何通过盘活存量来解决持续发展问题。金忠民提出特大城市进入存量优化规划阶段是城市转型需要，赵燕菁则认为现有城市在建部分完成后可以容纳60%～70%的城市化水平人口，同时存量规划会将城市已有的色块（功能）转变为更有效率的色块（功能）[③]。总的来看，国内相关学者对于我国转型期城市规划乃至未来城市发展的方向都有着较为统一的认识，即在生态保护日趋重要、经济社会发展方式亟待转变的新时期，未来城市建设一是由以往的扩张规划向存量规划转变，二是由规模提升向品质提升转变。前者主要是体现在城市用地的发展方向由外而内，因为从以往来看，作为纲领性的城市总体规划的其中一个重要作用便是争取城市建设用地指标，并通过以工业、制造业等为主的外扩型产业带动地方城市经济发展，而随着我国经济发展进入新常态时期，特别是国家明确提出了“严守红线，严控增量，盘活存量，优化结构，提升效率”的要求以及“五大”发展理念之后[④]，城市建设用地将更多地着重于存量用地的优化；后者则主要体现在城市建设重点由以往的数量规模（如多少条路、多少地铁、建成面积）向城市的品质提升转变。城市品质是自然物质环

---

① 杨枫．德国空间规则体系解析——实行四级规划重视存量土地利用 [N]. 中国国土资源报，2004.

② 邹兵．增量规划、存量规划与政策规划 [J]. 城市规划，2013（2）：35-55.

③ 施卫良，邹兵，金忠民等．面对存量和减量的总体规划 [J]. 城市规划，2014（11）：16-21.

④ 2013 中央城镇化工作会议 [N/OL]. 新华网，2013-12.

境品质与社会人文环境品质的有机结合，涉及城市生态环境文明建设、城市公共基础服务设施完善、城市经济产业稳定发展、城市社会文化繁荣进步、城市生活品质化及城市公共管理科学化等多方面内容。[①] 早在 2010 年由中国社会科学院城市发展与环境研究所和社会科学文献出版社发布的《城市蓝皮书：中国城市发展报告 No.3》便从中国经济的发展水平、城市可用地资源、工业扩张速度、城市社会内在矛盾以及生态安全等五个方面进行了论述[②]，提出了中国城镇化必将进入一个从规模扩张到品质提升的整体转型时期。而在“十八大”之后，随着追求质量的新型城镇化上升为国家战略，城市品质建设也已逐步成为一些城市规划建设关注的新焦点，如北京、上海、深圳和杭州等城市相继提出了建设“国际一流的和谐宜居之都”“民生幸福城市”“东方品质之城”等城市发展目标，围绕“质量引领、品质提升、包容发展”理念的各项民生福祉工程、城市美化等工程均得到加速推进（图 6-2）。[③]

**图 6-2　武汉园博园公园实景**

图片来源：作者自摄

① 胡迎春，曹大贵．南京提升城市品质战略研究 [J]．现代城市研究，2009（6）：63-70.

② 潘家华，魏后凯．城市蓝皮书：中国城市发展报告 No.3[M]. 北京：社会科学文献出版社，2010：136-350.

③ 罗小龙，许璐．城市品质：城市规划的新焦点与新探索 [J]．规划师，2017（11）：5-9.

### 6.2.2 “多规合一”背景下的机构体制改革带来的绿地治理方式的转变

从我国之前构建的空间规划体系来看，主要有土地利用总体规划、城乡规划、主体功能区规划和生态功能区划，分别由原国土部、住建部、国家发改委和原环保部负责组织编制。经过六十多年的发展，各个部门、行业的各类规划、规范标准自成体系，但由于自上而下“纵向”垂直管理与多轨并行“横向”相互渗透的运行特征，导致管理重叠，标准不一[①]。总体来看，主要有以下三个方面矛盾：一是多头管理，职能不清的矛盾：以绿地为例，城市绿地分属不同的行政管理部门，规划属于规划部门牵头，建设则属于园林部门负责，其他风景名胜区和水环境等相关绿地建设又属于其他部门管理，各部门条块分割，没有一个整体和统一的管理机构，导致相互掣肘、职责不清；二是规划体系不完善、不协调的矛盾：由于发展规划、城乡规划以及国土规划编制的主体不同，分类标准不统一，规划界线及规划期限不一致等，导致很多规划相互“打架”情况发生；三是规划延续性不足，刚性不强的矛盾：以往各地方城市经常因政府换届对已批规划进行修编，即“一任市长一张蓝图”，导致地方建设缺乏延续，加上法律法规不够健全以及不能有效监督，导致一些刚性的绿线、生态线也难以保障。而早在进入21世纪之初，我国便开始探索发展规划、城乡规划和土地利用规划“多规合一”改革[②]，目的便是理清国土、住建、林业等部门的众多矛盾和隐患，并通过部委试点、地方自主创新等方式进行了多种探索与实践。2018年3月17日，十三届全国人大一次会议表决通过了国务院机构改革方案，决定组建新的自然资源部，正式开启了部制改革。从改革细则可以看出，新的部门整合了此前包括国家发改委、国土资源、林业等八个部门对水、草原、森林、湿地及海洋等自然资源的确权登记管理等方面的职责的职能，核心在于

① 胡耀文，尹强．海南省空间规划的探索与实践——以《海南省总体规划（2015—2030年）》为例 [J]. 城市规划学刊，2016（3）: 55-62.

② 张克．“多规合一”背景下地方规划体制改革探析 [J]. 行政管理改革，2017（5）: 30-34.

对自然资产的产权界定、确权、分配、流转、保值与增值。自此，未来首先对空间上的规划进行了统一，实现了“多规合一”；其次，在自然资源资产化作一个整体的基础上，由一个部门统一行使所有国土空间用途管制职责，更加有利于包括自然资源资产管理、产权以及所有权人职责等体制的建立与完善[①]。由此，上述存在的三个主要矛盾也将从根本上得到改善。

## 6.3 绿地规划建设管理面临的新形势前瞻分析

### 6.3.1 规划编制的范围与内容将进一步拓展

改革开放以来，我国以经济发展为中心，城市作为社会经济发展的重要载体，城市规划编制体系也都是围绕城市建设用地范围内的资源调配以及城镇体系来构建，城市绿地作为其中一项城市用地类别自然也都是以城市建设区范围的绿地为主。尽管按照2002年建设部颁布的《城市绿地分类标准》CJJ/T 85—2002以及2017年住建部颁布的《城市绿地分类标准》CJJ/T 85—2017，均涵盖了非城市建设用地范围的绿地，但从绿地详细分类来看，城市建设区范围内绿地按照大、中、小三个层次以及不同类型进行了细分，而城市外围绿地一般多以郊区绿地、其他绿地或者区域绿地简而概之，其更多的像是对城市建设用地内外之绿地加以区分，而非统筹。另外，从我国一直沿用的衡量绿地建设水平的三大指标来看（绿地率、绿化覆盖率、人均公园绿地水平），也是重视规划区轻视市域。尽管我国20世纪便提出城乡一体化发展，党的“十六大”也进一步明确了城乡统筹发展的思路，但从历年来的城市总体规划来看，市域范围仍主要以“禁、限、建”的划线来进行控制，缺乏对不同禀赋生态斑块的细化、深化以及后续建设管理的引导。造成上述问题的原因，一方面有思想认识不足的问题，另一方面也有管理分割的问题，例如长期以来在城乡二元管理体制下，建成区内由城市园林绿化部门负责，建成区外由

① 赵绘宇.国务院机构改革自然资源和生态环境“大部制”新使命[N].澎湃新闻，2018-04-11.

林业部门负责，前者侧重用地的功能，后者偏重于林业的产业经济效益，客观形成了部门职能以及行业管理的分隔、绿化规划管理的脱节。[①]

随着部制改革，上述多头管理等相关问题将得到根本解决。而与此同时，绿地规划的编制范围以及内容也将面临新的变化。首先，正如杨保军所提到的“生态空间不止于数量，生态系统和网络格局更加重要”，在规划范围方面，考虑到生态结构的系统性（如水域的上下游关系），规划不应当是简单的市域范围全覆盖，而是应当打破城市行政界线，加强区域协作，以景观生态学为基础，从更宏观的层面，从区域生态安全出发，作更综合的分析，建立确保区域安全的广域绿地规划[②]；其次，规划内容方面，由于市域范围更多的是自然植被，且不同生态资源自身存在禀赋差异，如林地、草原、水体等其对环境保护的功能和城市安全的重要性均有不同，不能就绿地谈绿地。考虑到城市范围绿地分类标准已经较为完善、成熟，今后更多的应当是对市域范围的生态资源的分类加以细化、深化，并最终同城市建设用地分类相互衔接。另外，市域“绿地”规划不应当是简单的分类、分级或者划线，同城市建设区以人工植被为主不同，应当在生态保护的基础上加强科学利用，提出弹性管控或者建设指引的内容，通过保护性的开发建设提升最大化的生态效益。

### 6.3.2 规划编制内容将更趋向精细化、科学化

从以往三大规划体系的编制内容来看，发改部门主导的主体功能区以及国土部门主导的土地利用规划对于绿地内容均不凸显，前者规划虽然覆盖国土空间范围，但是对于生态绿地方面仅仅体现在“禁、限”的划线层面以及各类土地用途的开发程度的设定[③]；后者工作主要包括土地普查、土地整治、城乡建设用地增减挂钩制度等其他政策工具，更多的是一种行政管理、调控的手段，且缺乏必要的科学依据，生态绿地方面内容与作

① 刘颂，姜允芳．城乡统筹视角下再论城市绿地分类 [J]．上海交通大学学报，2009（6）：272-278.

② 刘颂．转型期城市绿地系统规划面临的问题及对策 [J]．城市规划学刊，2008（6）：79-82.

③ 王唯山．机构改革背景下城乡规划行业之变与化 [J]．规划师，2019（1）：5-10.

用同样也不凸显。而城乡规划部门主导的城市规划则经过几十年的发展，包括绿地建设方面已经形成相当完善的体系内容，并有相应的理论作为支撑，但从绿地规划内容来看，相较于其他城市功能用地，其更多地属于从属地位，从规划布局来看也都是“见缝插针”的所谓“点、线、面”相结合方式，缺乏系统性、科学性。

按照部制机构改革的目标，管理层面方面，国土空间规划体系在横向和纵向两个维度上的事权分级与权责将进一步明晰；技术层面方面，国土与城规包括用地分类等在内的相关技术标准也将进一步细化、统一。而随着包括 GIS 等技术的不断普及，以及今后国家对于自然资源管理、治理能力不断加强的要求，未来的绿地规划编制内容也将更趋于精细化、科学化。前者强调的是各类绿地的治理与实施，后者则强调的是空间布局的科学、合理性。首先，从绿地属性来看，不论是市域还是建成区范围，各类绿地首先考虑的还是生态效益、社会效益为主，投资回报较少，而如何保障其实施，并发挥最佳效益则是关键。以建成区规划绿地为例，以往不少绿地往往因拆迁难、征地难导致难以建成，虽然大多城市也都针对旧城、旧村等颁布了改造实施办法，但从实施成效来看差异明显，这就要求一方面在规划编制阶段，将用地的权属、使用情况盘整清楚，确保其可实施性；另一方面则要求加强公共管理研究，相关实施政策、实施办法的制定需要更加科学，具备可操作性。另外，随着近年来 GIS 技术、互联网大数据等运用的不断普及，以及景观生态学等相关学科的不断发展，为更加科学地布局绿地，发挥生态功能提供了技术条件与科学依据。未来工作方法将由传统的“经验＋案例”模式向“大数据和人工智能”定量化辅助模式发展。① 从当前一些城市进行的探索实践来看，成效较为突出。例如，武汉市 2017 年开展的城市绿地系统实施评估工作，借鉴当前国内外关于景观生态学以及其他相关学科的研究结论与方法，从绿地的生态功能、游憩功能等多方面出发，评估研究绿地空间分布的合理性、科学性，对武汉市新一轮城市总体规划的绿地专项规划起到了很好的技术支撑作用。

① 罗彦，蒋国翔，邱凯付．机构改革背景下我国空间规划的改革趋势与行业应对 [J]．规划师，2019（1）：11-18.

### 6.3.3 绿地生态资源将进一步体现经济效益价值

根据《国务院机构改革方案》内容，规划业界以及相关学者大多对未来城市空间治理手段等展开了较多的讨论，特别是针对资源管理方面，都认同政府角色需要从主导开发建设向空间资源管理的身份进行转变，其目标都是如何更好地发挥各类土地资源的综合效益。那么单就绿地而言，考虑到一直以来其都是作为城市公益设施，投入都是以政府主导为主，而且国家一直以来为了强调其公共性，也是要求以政府投入为主[①]，其方针是否需要适当调整？或者说如何从“净投入”转变为“有产出”？笔者认为从城市治理角度出发，绿地从其涵盖的不同属性功能来看，未来将进一步体现各类效益的经济价值。首先，不论城市绿地还是市域的各类生态用地都是城市重要的景观资源，是能够直接体现其一定经济效益的。例如，城市绿地景观资源较好地区的商品房价，又或者具备良好生态资源可用于适当游憩娱乐活动开发的用地，都是绿地经济效益价值的直接体现。另外，绿地资源作为重要的生态游憩景观资源，在发挥景观游憩功能的同时，也间接提升了城市经济效益，如近年来不少城市建设的绿道项目直接带来大量的旅游客流，其产生经济效益的同时更是产生了巨大的社会效益。

进一步来讲，城市应当在严守生态底线的基础上，充分放大可利用国土空间的综合价值，以“资产”的理念去运营各类绿地资源。一直以来城市绿地都以政府主导建设为主，但因土地财政影响，大部分城市规划实施率明显偏低，特别是区一级政府缺少相应的激励以及考核，导致社区级公园绿地建设严重滞后。参考我国住房建设，20 世纪 80 年代以前都是以公共产品的名义提供，居民住房水平普遍不高，而随着住房改革的推行，不但居民住房水平不断提升，房地产行业也作为支柱产业大力推进了我国的经济发展。由此同样，绿地建设未来一方面可由政府进一步加大投入，并通过建立考核机制保障绿地建设加快推进；另一方面则应当进一步吸纳社会资金，加强与企业合作，鼓励公众参与，实现共建共享，比如

① 中华人民共和国国务院．国务院关于加强城市绿化建设的通知 [Z]，2001.

可通过在土地使用权或者经营权转让过程中增设绿地景观建设费的方式建立符合市场行为的机制，保障绿地建设经费。另外，在国家倡导新时代高质量发展以及满足人民日益增长的美好生活需要的基础上，绿地的品质提升也符合人民消费水平的提升。

### 6.3.4 自然资源与国土规划系统对于绿地建设的引导作用将进一步凸显

以往绿地建设存在的一个突出问题便是规划与建设的管理分离，以建成区范围为例，规划与园林两个部门均是从各自的职能出发，前者偏向于绿线划定，并就用地规划性质进行项目审批、维护管理；后者则更偏向于绿化建设，强调“指标化”管理，如绿地率、绿化覆盖率等。两部门之间缺乏有效的关联协作，只在涉及绿线划定（规划编制）、调整的时候（绿线占用）需共同出具部门意见以作项目审批的依据。而在其他包括绿地的统计范围、日常的规划管理等方面均无相互关联协作，以致两部门信息不对称、口径不对称、方法不对称，无法实现绿地建设的精细化管理。根据《国务院机构改革方案》以及当前一些省市的部门调整方案来看，国家—省区一级来说同自然资源部职能大致相当，涵盖了国土城乡规划、园林及林业部门相关职能，但市县一级则根据各地实际情况差别较大。如，长沙将市园林管理局承担的城区公共绿地和道路绿化的相关职责划入市城市管理和综合执法局；青岛为了推进园林林业城乡统筹管理，将市林业局的职责、市城市园林局的职责，以及市城乡建设委员会的园林绿化建设、维护职责，市国土资源和房屋管理局、市城乡建设委员会、市水利局等部门的自然保护区、风景名胜区、自然遗产、地质公园等管理职责整合，组建市园林和林业局。总的看来，在城市一级园林用地规划与建设管理分离的情况仍然存在。但笔者认为从本轮机构调整方案来看，很明确提出了土地资源的确权登记、自然资源资产的有偿使用一级合理开发利用等职能均归属于自然资源和规划部门。而且，从城市自身品质提升的角度来看，城市绿化景观建设是地方政府最直接、最重要的抓手之一。因此，从将空间资源作为资产管理的角度出发，自然资源和规划部门有必要保障绿地空间资源配置社会公平化，同时还要考虑效率最优化以及效益的最大化，其对绿地园林景观建设的引导有必要进一步加强，包括绿地建设实施计划、品质成效、经营管理等各个层面。

### 6.3.5 绿地规划的弹性管理与常态化监管

空间规划管理的国家与地方事权划分将随着国土空间规划体系的建立形成相对明晰的事权关系。[①] 对于各类生态绿地的监管实施来讲，很重要的一条便是国家—省级—地市级三级事权明晰之后，涉及绿地生态的地方管理的弹性空间留有多少。从国家总的生态保护要求以及当前业界学者讨论情况来看，大都认为中央政府监管开发边界，监管城镇开发边界的形态和指标，监管生态红线以及基本农田等底线，省级政府监管城镇开发边界的集中建设区和发展控制区的形态，而地市级政府则负责城镇开发边界内的用地功能布局规划及建设审批。[②] 各类生态绿地的管理是否也按照这种圈层划分目前不得确知。但《中共中央关于深化党和国家机构改革的决定》提出了"赋予省级及以下机构更多的自主权，增强地方的治理能力"的要求。且从之前包括北京、上海、武汉等各个城市总体规划试点城市的编制情况来看，城市建成区范围除结构性绿地、重要的市区级公园需要纳入国家层面监管外，一般性的社区及绿地在由上位规划确定指标后，其空间布局将通过控制性详细规划细化落实并实施管理。相比较《城乡规划法》要求的涉及"五线"的调整均须向原审批机关申请，从技术规程方面为地方城市留有了一定的弹性空间，并体现了底线管控的思维以及政府、市场、社会的多重维度。另外，从之前国土部以及住建部都已形成的一套较为完善的图斑监察机制来看，从技术手段上来讲，国家对地方城市市域全覆盖的监察已经不存在问题，对城市建设整个过程状况实施监控也完全可以做到。而自然资源部的首要职责之一便是对自然资源利用开发和保护进行监管，建立空间规划体系并监督实施。因此，未来对于城市绿地的监管必将是常态化的，而对于相关违法行政行为的处罚也必将是严厉的。以 2015 年 9 起住房与城乡建设部挂牌督察图斑为例，所有相关责任领导均进行了问责及处理。

---

① 王唯山 . 机构改革背景下城乡规划行业之变与化 [J]. 规划师，2019（1）: 5-10.

② 何流 . 以规划制度的设计，推动空间治理体系现代化 [N/OL]. 中国城市规划网，2018-11-29.

7

# 基于服务效用优先的城市绿地建设实施模式探索

## 7.1 政府划拨城市绿地模式的不足

当前，国内各城市中绿地多以政府划拨的形式提供给建设主体，这种供地模式较为成熟，易于发挥政府总体统筹城市公共资源配置的作用，也充分体现了城市绿地作为城市公共产品的本质属性。在多年的实践过程中，以政府划拨的形式供给城市公共绿地资源，也暴露出一些问题，主要包括以下几方面。

### 7.1.1 划拨土地使用权对城市绿地的使用范围过宽

由于作为公园性质的部分城市绿地具有综合性的功能，在这些公园中往往布局有一定规模的营利性设施，由于划拨方式获得的土地几乎是零成本，导致其非公益性功能的部分设施功能实际上是以公益性途径获取土地使用权，用地的整体建设水平、用地集约性以及服务水平等方面往往停留在较低的层面。

### 7.1.2 政府垄断模式易导致城市绿地“空间失配”现象的产生

近年来，虽然各级政府在对城市公共绿地的建设模式上有所改进，但是，城市政府仍然垄断着城市土地资源的供给，其职能并没有发生根本转变。由于公共机构中没有优胜劣汰的竞争机制，政府组织作为公共服务机构，对利润的追逐并不是其主要目的，加上以政府为主导的公共绿地生产，其成本与收益难以测定，容易导致政府供给城市绿地的重复建设、配置无效、资源浪费等低效率现象的出现，根据政府设想的需要在缺乏市场需求调查的情况下实行统一建设时，城市绿地的“空间失配”现象就更加严重[①]。

① 牟永福.城市公共物品供给的“空间失配”现象及其优化策略分析 [J]. 福建论坛（人文社会科学版），2008（6）：127-131.

### 7.1.3 对划拨土地用途改变的管制不严

虽然我国土地管理法强调“国家实现土地用途管制制度”[①]，但是由于各种原因，该办法一直因缺乏具体的细化内容而不易操作。实践中以划拨方式获得的城市绿地，用地者除缴纳补偿、安置等费用外，无需支付其他费用。划拨土地用途变更大多数情况往往是先变更后审批，形成既定事实后最多缴纳罚款，公益性用地就变成了经营性用地。这种变更土地用途的模式较为随意，对其不合规的处罚成本较低，在土地集约利用和绿地功能布局上缺乏高效利用的动力机制，从而将制约绿地功能发挥的效益最大化。更重要的是，划拨成为了一种牟利手段，假借绿地建设之名谋取宝贵的城市土地资源后又将其改变性质，最终损失的是公众的根本利益。

### 7.1.4 无使用期限的规定不尽合理

划拨土地使用权没有使用期限限制，成了划拨土地无偿性之外的又一福利。由于划拨用地往往没有限制土地使用者的使用期限，现实中使用方对土地的建设利用节奏缓慢，建设水平低下，而当城市规划目标不能实现时，政府若想从土地使用者手中收回划拨用地，既有法律制度不健全的障碍，又有具体执法的困难，是一件非常不容易的事，大大降低了城市土地利用的效率和合理性。

## 7.2 基于市场供给的城市绿地建设模式的利弊分析

由于城市公共绿地具有积极的外部效益，所以国内外一些城市政府提供城市公共绿地的项目往往采用招标的形式，由私人投资商进行开发建设。这种“公共民营合作制”的模式，其基本特

---

① 项珊珊．划拨建设用地使用权制度存在的缺陷及完善构想 [J]. 浙江国土资源，2009(4)：38-39.

征为共享投资收益，分担投资风险和责任，在实践中展现出其优点，但也暴露出一些问题。

### 7.2.1 市场供给的主要模式类型

以市场供给为主的供给模式中，为了达到提高土地利用效率和绿地服务水平的目的①，通常将大部分甚至整个项目的所有权和经营权通过市场渠道交给社会投资者，具体有以下几种模式。

1. 政府和私人共同投资，共同建设管理

此种模式由政府和私人共同投资，共同经营，共同管理；也可以采用由政府投资，私人公司负责后期维护和经营的模式，绿地建成后经营利润按合同各自提成。目前，国内已有部分城市对这种模式在建设实践中的应用进行了探索，如：上海滨海森林公园采用政府前期投资，由私营企业扩建，经经营一定期限后，项目再归还政府，由私营企业按照合同推进、深化建设。在项目经营一定年限后，政府与私营企业可以继续签订合同，也可以将森林公园完全归还政府②。

2. 将绿地作为整体工程的一部分由房地产商进行建设

这种模式把公共绿地并置于一个大型公共项目中共同开发，在空间开发中把公共利益、开发中的共同利益和个体利益结合起来，从而达到互通、共赢的结果。但政府对项目的建设、经营和管理有权参与。项目运作过程中，私营企业必须按照政府要求完成区内的绿地建设。项目建成后，政府与私营企业按照合同约定共同承担绿地后期的管理经营责任③。20 世纪 90 年代日本实施的“未来横滨 21 世纪”和大阪商业城计划就是两个将一般项目与城市公共空间共同进行开发的成功案例④。

3. 提供优惠政策鼓励私人开发公共绿地

这种模式适用于建设强度较高的现代化都市。由于城市可用

---

① 葛国川，陈耀荣，石小俊．北仑区农村公共卫生建设中公私（民）合作模式应用研究 [J]. 中国农村卫生事业管理，2007（8）：2.

② 王盛，王宝珠．城市生态绿化项目的政府投资方式改革——基于绿地建设与房产开发商的利益互动关系研究 [J]. 科学发展，2012（6）：98-106.

③ 程富花，陈天．城市公共绿地开发经营模式探讨 [J]. 青岛理工大学学报，2007（3）：54-57.

④ 赵勇．亲和性城市公共游憩空间的系统建构研究 [D]. 武汉：武汉大学，2011.

于绿地建设的空间有限，绿地建设面积不会很大，投资建造公共绿地也并不全是单纯为了提升城市环境品质，部分城市绿地建设项目是由政府的优惠政策奖励而来的，它们往往由与绿地邻近的公司或单位出资建设。如：美国在20世纪60年代修订的《纽约市区划条例（Zoning）》中的容积率奖励制度就明确规定，私人投资商在提供一定规模公共空间的前提下，可以获得高出标准容积率的额外建筑面积[①]。目前，我国许多城市的规划管理实践中也广泛运用这一手段确保城市绿地建设目标的实现（图7-1）。

**图7-1 武汉东湖绿道**
图片来源：作者自摄

4. 政府投资建设绿地，后期采取私人认购模式进行经营管理

城市绿地建设的主体，有时也包括自愿出资的城市居民和民间组织，在城市绿地建成以后，某些个人和自发组织也可以起到很大的作用，如：通过调动居民个体的积极性，可以认定一定规模的城市绿地，对小规模街头绿地进行认领并进行管理；也可以通过公众参与的模式促进城市绿地空间生产水平的提高[②]。

### 7.2.2 城市绿地市场供给模式的优点分析

城市绿地作为普惠的民生工程和受众面广泛的公共服务产品，政府以特许经营的形式通过市场竞争委托不同种类的主体进

① 张欣旻，程富花．我国大中城市公共绿地开发经营模式探讨[J]. 特区经济，2009（2）：237-238.

② 张欣旻，程富花．我国大中城市公共绿地开发经营模式探讨[J]. 特区经济，2009（2）：237-238.

行建设和管理是目前的一大趋势。概括起来，此种模式有以下几点优点：

一是能有效消除费用超支。这种模式只有当项目已经完成并得到政府批准使用后，私营部门才能开始获得收益，因此有利于提高效率和降低工程造价，能够消除项目建设实施过程中可能产生的资金风险。同时，企业与政府共同参与项目的识别、可行性研究、设施建设和融资，企业与政府共同参与建设的全过程，保证了项目在技术和经济上的科学性、合理性。

二是有利于转换政府职能，减轻财政负担。通过市场供给模式，政府可以从繁重的事务中脱身出来，角色将从过去的公共服务产品直接提供者变成公共服务产品生产分配的监管者，减少了财力物力付出，从而解放政府繁重的职能。

三是能最大限度促进投资主体的多元化。通过市场模式，私营部门能提供不同种类的服务，同时，在市场竞争机制引入城市绿地的建设模式中，私营部门参与项目全程，还能推动在项目设计、施工、设施管理过程等方面的革新，提高办事效率，传播城市绿地建设管理的成功经验①。

四是政府部门和民间企业可以取长补短。采用市场模式，能充分发挥政府公共机构和民营机构各自的优势，双方可以形成互利的长期目标，弥补各自的不足，以最有效的成本为公众提供高质量的服务②。

### 7.2.3 城市绿地市场供给模式存在的风险分析

城市绿地由市场供给的最大特点是能够提供多种不同层次的服务，具有一定的排他性，从而导致社会不公平。总体而言，绿地市场供给存在以下三方面的公共风险。

1. 公平性缺失的风险

城市绿地采取市场供给的模式可能带来的公平性缺失的风险主要体现在两方面。一方面由于当前阶段我国不同地区城市间发

① 丁树奎 . 增强城市轨道交通事业对民间资本吸引力的研究 [D]. 成都：西南交通大学，2006.

② 陈建平，严素勤，周成武，周俐平，李荣华，马进 . 公私合作伙伴关系及其应用 [J]. 中国卫生经济，2006（2）：80-82.

展差距仍较明显，市场成熟条件及投资环境的完善水平参差不齐。在市场自由竞争条件下进行城市绿地投资建设的模式中，企业因其经济趋利性，更愿意选择相对发达的地区进行绿地建设投资，以获得更快的收益和更高的利润，而相对落后的地区企业投资的意愿不强。这种现象会导致不同发展水平的城市之间城市绿地的建设实施差距会越来越大，造成地区间公平性的缺失。

另一方面，在政府干预有限或者是政府补偿机制不完善的前提下，在同一城市内，采取市场供给模式实施绿地建设有可能导致市民享受社会资源的不平等现象加剧。公共产品应具有可获得性、消费的非歧视性和消费的弱排他性等三方面的突出特征，以使得消费者在选择公共产品时具有相对公平的环境。但以市场模式进行公共产品配置时，企业的经济趋利性又与以上的这“三性”相互矛盾。如在房地产开发过程中配套建设的绿地往往会捆绑上楼盘，通过提高地块景观环境品质来提高楼盘售价，而这一模式在实际操作中会产生各种变相操作，绿地服务对象会因地块位置的变化而限制在特定人群范围中，实际上是一种排他性的门槛设置，使得原本可以供市民平等消费的公共绿地，成为为少数人服务的环境设施。这种违背公共产品公共属性特征的模式将导致社会成员间不平等的趋势加剧。

2. 效率损失风险

在理想的市场竞争环境中，企业出于外部竞争压力会不断改进产品质量和降低管理成本来增强竞争力，但这一规律并不适用于受政府“庇护”的垄断者。当企业取得城市绿地供给权后，由于城市绿地建设往往有政府提供优惠政策进行“庇护”，来自市场的竞争压力非常有限，因此获得绿地供给权的企业往往缺乏改进、提升绿地配套水平的动力，最终使得绿地供应方倾向于非竞争性的垄断收益。这样的垄断所造成的直接后果是城市绿地的供给质量下降，为市民提供绿地配套服务的水平降低，简单、低效的绿地建设水平对城市环境品质和公共利益将造成巨大损害。

3. 公共安全风险

城市绿地与城市居民之间联系紧密，城市居民中的几乎每个个体都要对城市绿地进行消费，相当规模的城市居民对绿地有一定的依赖性（图 7-2）。由于城市中绿地配置总规模较大，分布相对均质，因此，一旦城市绿地的供给出现问题，将对城市生活环境品质和社会稳定带来严重影响。城市绿地可能产生两方面的公共安全风险：

**图 7-2　武汉东湖放鹰台滨湖绿地**
图片来源：作者自摄

一是资本逐利性与城市绿地公共性之间的矛盾。政府在规划绿地空间布局时会把实现社会效益作为供给的目标。但是，在市场化的实施过程中，私营企业在供给绿地过程中会从成本控制着手，尽可能从压缩绿地实施规模、减少绿化种植面积或者是采用简配绿化植物品种等方式降低绿地建设投入。在政府监督缺位的情况下，企业降低成本产生的直接后果是供给绿地的质量可能会低于政府预期的标准，这就大大提高了城市绿地公共安全风险①。

二是私营企业有可能绑架公共利益来要挟政府。在企业供给城市绿地的过程中，政府为了保证供给的有效性和连续性，以及出于对社会效益的考虑，通常会给予企业更多的政策支持。而企业为了追求更多的利润，往往会以公共利益为筹码要挟政府不断给予政策支持与机制保障，由于企业绑架了公众利益，在与企业讨价还价的过程中，政府往往处于劣势地位。企业要挟政府的行为实质上就是最大的潜在风险，当前许多城市在引入企业进行大

① 林志聪 . 论城市环境公共产品市场供给的公共风险规避 [J]. 湖南广播电视大学学报，2012（1）：72-77.

型项目建设的过程中，往往被企业打着服务公众的名义追加各种附加条件，而实质上是对公众利益造成了更大的伤害，由这种行为可能导致的各种公共利益损害程度无法估量。如2008年武汉市政府引入国内某大型房地产企业在毗邻东湖的地区进行公园绿地建设及旅游项目的开发，为了获取开发建设的资金平衡，该企业要求按公园与房地产项目用地规模1∶1的比例进行开发，同时对东湖风景区提出了用地需求。由于风景名胜用地不能进行土地招拍挂和相关交易，为了达到企业利润追逐的目的，确保项目的顺利引进，时值东湖风景区总体规划处在修编之际，东湖风景区管委会特地上报住建部，以各种名义将东湖风景区一段珍稀的滨湖岸线调整出风景区行政管辖范围，以满足该企业为绿地建设而配套的房地产开发用地需求。

4. 市场追逐“利益”的模式削弱了城市绿地的服务效用

市场是以追求效率为导向的，而利润是各种建设行为的最终目的，公共物品的本质属性决定了以私人模式经营公共产品仍存在的低效问题。同时，公共物品对私人消费的边际供给成本等于零，为了获得赖以生存的利益空间，必然要通过限制私人消费的手段来达到这一目的，而这样会出现无法实现公共物品最大效用的问题。如城市公园绿地完全由私人来修建、经营，为了尽量减少投入成本并能预期收回，私人企业可能就会采取集中供给方式，并收取门票或者在公园内开发项目的办法来获得企业再生产的利润[①]。因此，城市市民要想进入公园就必须支付额外的交通成本和门票，这就限制了所有市民使用这座公园的权利，从而造成公园使用上的效用实现不足。

## 7.3 基于服务效用优先的城市绿地建设模式探讨

从城市绿地发挥的效用而言，采取政府划拨和市场供给两种模式进行建设，均存在一定的不足，政府划拨城市绿地的建设模

① 牟永福．城市公共物品供给的“空间失配”现象及其优化策略分析[J]. 福建论坛（人文社会科学版），2008（6）：127-131.

式虽确保了一定范围内城市绿地按照城市规划在一定强制力保障下建设实施，但由于城市绿地的用途管制力度的不足，在城市绿地建设空间匹配度方面仍缺乏市场自发机制的自我调整。采用市场供给模式的城市绿地的建设模式以土地经济效益为出发点，提高了城市绿地的建设水平和空间适配度，但仍然存在公平性缺失和服务效用削弱的风险。

目前，武汉市的城市公园绿地数量少，特别是综合性公园建设模式单一，居住区级公园数量偏少，城市绿地中附属绿地总规模比例约占 69.7%，公园绿地比例只占 20.8%，但从数量规模来看，二者之间的比值接近 4 : 1，这种以单位附属绿地为主的分散的小块绿地，各行政区人均公园绿地指标相差悬殊，从公共产品的资源配置效率方面来看，城市公园绿地的空间规模与服务半径不配套，还没有形成层级鲜明、功能完善的城市公园绿地体系。这种公共资源的配置模式既没有为城市居民提供充足的生态休憩功能空间，又没有实现城市土地资源利用效率的最大化。

从福利经济学的理论角度分析，可以清楚地看到城市政府在绿地资源配置方面的垄断和低效率导致的社会整体福利的损失。如图 7-1 所示，横轴表示城市绿地建设的总规模，纵轴表示城市绿地可等值换算的市场价格，曲线 $D$ 和 $MR$ 分别为该城市绿地的需求曲线和边际收益曲线，$MC$ 为该城市绿地的边际成本曲线。从图中可以看出，作为城市土地财政的利润最大化产量（$MC = MR$）是 $Q_1$，在该产量水平上，城市绿地价格为 $P_1$，垄断价格高于边际成本。这时，存在帕累托改进的余地[①]。例如，建设实施主体按照 $P_1$ 的价格购买了 $Q_1$ 数量的产品，城市土地供应每多生产一单位的产量，城市绿地建设实施主体便以低于垄断价格但大于边际成本的某种价格购买该单位产量，这样，城市政府和城市绿地建设实施主体都从中得到好处，即城市政府的利润进一步提高，最后一单位产量给他带来的收益大于他支出的成本；城市绿地建设实施主体的福利进一步提高，实际对最后一单位产量的支付低于他本来愿意的支付。

① 聂华. 我国林业资源配置中的帕累托改进 [D]. 第二届中国林业经济论坛会议论文，2004.

在图 7-3 中，城市政府的边际成本曲线与需求曲线 $D$ 相交于 $G$ 点，这时产量为 $Q'$，价格为 $P'$，在 $G$ 点上达到了帕累托最优状态，因为在该点上，城市绿地建设实施主体为额外一单位产量愿意支付的价格等于生产该额外产量的成本。因此，$Q'$ 是帕累托意义上的最优产出。城市政府只生产了 $Q_1$ 数量的产品，而帕累托最优产出是 $Q'$，这时社会福利水平没有达到帕累托最优状态，社会福利净损失为：$\triangle EFG + \triangle FGH = \triangle EGH$。因为城市政府不生产 $Q' - Q_1$ 部分的产品，$\triangle FHG$ 部分为城市绿地建设实施主体剩余损失，而 $\triangle EFG$ 是垄断者限制生产而损失的利润。当然，城市政府之所以放弃 $\triangle EFG$，是因为它能通过限制土地供应的规模得到四边形 $P_1P'FH$ 的垄断利润，而四边形 $P_1P'FH$ 的面积显然比 $\triangle EFG$ 要大得多。总体来看，在垄断条件下，虽

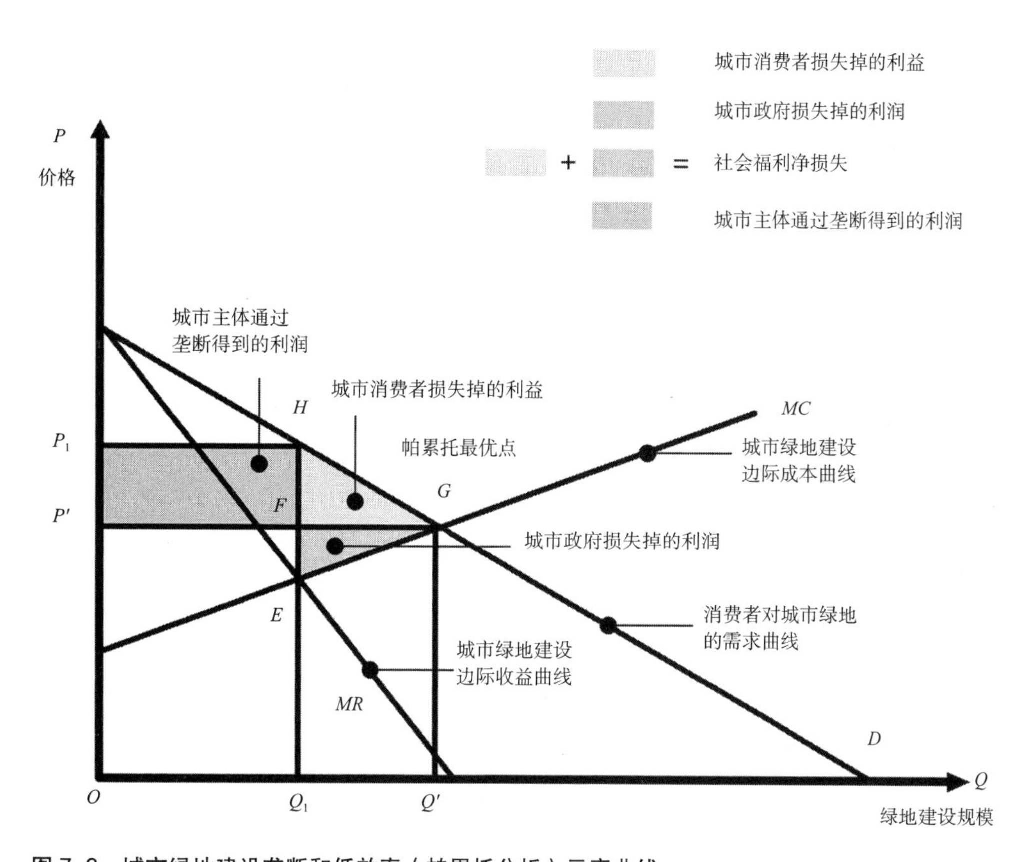


图 7-3　城市绿地建设垄断和低效率（帕累托分析）示意曲线

然城市政府能获得垄断利润，但城市绿地建设实施主体损失了消费者剩余，二者相抵，整个社会的福利遭到了净损失。

基于城市绿地的公共产品属性的根本出发点，其建设实施必定以体现公共服务效用为主要目标，在新的转型阶段，探索适合我国当前发展阶段的城市绿地建设模式具有十分现实的意义。笔者认为，应从理论构想、供地模式创新和制度设计三个方面进行研究。

### 7.3.1 社会服务效用优先的城市绿地建设模式构想

城市绿地的规划、设计与建设，一方面要遵循绿地系统发挥生态功能的客观规律，按照改善生态环境的目标合理布局。另一方面，也应关注城市居民对绿地功能的认可与感知，使城市绿地外部空间与周边城市环境之间建立起良好的互动联系，尽可能发挥出城市绿地所具备的服务社会、体现公共服务产品本质属性的根本效能。围绕这一目标，城市绿地建设应以更加务实的建设实施机制为保障。

一是以政府强制力确保城市绿地作为城市公共产品的基本功能属性。如前文分析所述，城市绿地具有服务市民的公共产品属性，无论采取哪种模式进行建设实施，都必须首先确保其公共产品的属性定位。基于此基本准则，笔者认为城市政府和决策部门应实现两个方面的转变。首先，“是否营利”不能成为评价城市绿地建设实施效用的标准，城市政府决定建设绿地，从某种程度上来说，本身就是对社会公众应尽的义务，而不是成为增加政府或者某些部门利益的工具和手段，因此，在分析确定其建设实施模式和带来的综合效益时，营利与否或者单纯的经济效益指标不应成为其决定建设模式选择的依据。其次，政府应建立一套相对完备的机制，在复杂的城市发展进程中能以强有力的手段确保城市绿地始终围绕“服务公众，取得社会效益最大化”这一目标实施建设。这涉及不同部门、不同利益团体、不同实施主体和不同受用方之间的关系，同时，在政府进行统筹实施的过程中，还要克服政府部门自身容易产生的垄断和“官僚寻租”等问题的产生，这也是对政府行政能力的综合考验，需要在我国城市行政体制改革中不断实践和完善。

二是兼顾城市绿地现实条件与远期规划公平服务效能的实现。要实现这一目标，笔者认为需要从两个方面着手，一方面是通过集中与分散相结合的绿地布局优化，增强生态效应。集中布局的植物种植模式能使绿地生态功能充分发挥作用，而分散种植的模式能使人们对整个城市绿地数量在感性上产生“多”的感觉，人们在数量令其满意的绿地中才会更多地进行各种活动[①]。需要根据城市具体的空间条件，采用综合的手段提升绿化植物的服务水平。另一方面，注重绿地的场所功能，满足不同人群的需要。城市居民最为认同的通常是绿地在提供休憩场所方面的功能，在绿地设计中应充分考虑活动场所的布置与设计，需要根据不同层次、不同年龄、不同性别人群的需求来设计。只有最大程度地发挥绿地的场所功能，才能为实现绿地增进居民交流、增强社区凝聚力等创造条件（图 7-4）。

**图 7-4　武汉汉口江滩公园绿地**

图片来源：作者自摄

① 陈爽，王丹，王进 . 城市绿地服务功能的居民认知度研究 [J]. 人文地理，2010.

三是以多元化的建设模式确保不同类型城市绿地的灵活实施。按照城市绿地种类、规模大小、区位条件和承载内容的不同，其在为公众提供服务的过程中所发挥的作用也有所不同，在建设实施的过程中，不同类型城市绿地也有着适合自身特点的建设模式选择。如城市级的大型公园绿地往往是城市重要的公共开敞空间或者是城市级景观廊道的重要组成部分，其用地规模大，功能相对综合，配套建筑及功能设施丰富，考虑建设实施过程中可能遇到的征地、拆迁、基础设施建设、项目融资等多方面复杂问题，这类绿地应以城市开发投资主体以划拨用地的形式进行建设。为小区配套的小规模公共绿地，由于其占地规模小，功能相对单纯，布局灵活简单，其建设实施往往可以考虑在小区房地产开发过程中由政府规划管理部门出具规划供地条件，绑定开发商进行建设实施。位于城郊的郊野型绿地，往往与农业生态项目有着不同程度的联系，对这类用地的建设，可以结合乡村改造和产业发展进行综合利用，其建设主体既可以是政府主导，也可以是民间资本引入，或者是多种模式相结合，在确保郊野绿地服务公众目标实现的前提下，兼顾带动城郊型农业和旅游观光业的发展。

### 7.3.2 以市场供给为主导，政府有限干预的城市绿地建设模式

传统的市场失灵理论认为市场机制不能解决外部性、垄断、收入分配和公共品提供等问题，因此政府干预的范围只适用于以上问题范畴内。由于现实中普遍存在不完全信息和不完全竞争的情况，美国经济学家斯蒂格利茨在20世纪通过比较复杂的数学模型证明，出现不完全市场时，市场机制不会自己达到帕累托最优，形成了格林沃德—斯蒂格利茨定理。该定理所定义的市场失灵是以不完全市场竞争为基础，已不局限于“老四条”所涉及内容，这为政府干预提供了广阔的潜在空间[①]。从政府在经济发展过程中扮演的角色而言，对于城市绿地这样的公共产品，现实市场的确存在着一些不足——一方面，自由放任的市场模式容易产生极端反面状况——垄断，这使得对于城市以公益性为主导价值取向的公共产品可能无法获得生存空间。另一方面，由于市场机制

① 范修斌．江门市招商引资过程中的政府行为研究 [D]. 广州：华南理工大学，2012.

由下而上的自发性，在组织与实现公共产品的供给方面能力先天不足，这些使得政府的干预尤为必要。而政府由于具有一定的行政组织与执法能力，能通过强制力确保城市治理目标的实现。在应对市场垄断或者供给失灵时，政府能发挥出市场所不具备的优势，通过征税、处罚、制止等手段进行调节。

当前，我国经济体制改革正迈向深水区，在逐步消除计划经济模式下政府大包大揽积弊的同时，也需要正确面对城市公共产品供给的现实需求，这也是确保民生和践行“以人为本”发展理念的重要体现。基于以上分析，笔者认为在中国特色社会主义市场经济条件下，城市绿地的供给应采取以市场供给为主导，政府有限干预的模式。以市场为主导，主要是指通过市场与政府共同参与城市绿地的供给，有效消减费用，促进投资主体的多元化，提高效率，为公众提供高质量的绿地产品。政府可以从繁重的城市绿地规划、实施、管理等事务中脱身出来，角色将从过去的城市绿地提供者变成城市绿地产品生产分配的监管者。而政府的有限干预主要体现在以下几方面：一是疏通信息渠道，规范操作方式，合理引导政策功效发挥。如对城市绿地的供地信息发布方面，可以通过政府部门的渠道，结合居住用地开发，同时适时向市场投放适当规模城市绿地的供地信息，以提高居住人口城市绿地产品的相对应的配套水平。二是在事关城市绿地建设实施重大事项的决策上，应尽可能通过科学的机制提升政府决策水平。如城市绿地虽然可以结合房地产开发尝试以市场化模式进行建设，但在投放区位、投放规模上，可以借助市政府智囊团队和专业部门进行科学论证，合理引导城市土地中对于绿地的投放供应。三是城市政府对于绿地的供给和建设实施，应予以适度的友善干预，不凌驾于市场之上，不主动干预土地交易，确保以市场行为促进土地利用效率的提升，通过建立完善的监督管理机制，使政府的引导行为公开化、透明化，在充分发挥政府引导作用的同时，也尽可能避免产生主观性政府失灵现象。

总之，市场与政府相辅相成，二者应各自发挥特有功能，政府不能制约和替代市场，市场又不能逃离政府的监督和适当干预，只有市场自发调节机制和政府引导干预机制相互协调，才能更好地激发出市场的效能。

### 7.3.3 确保城市绿地服务效用的制度设计

基于服务效用优先，城市绿地的建设实施在明确政府与市场各自职能范畴的基础上，还需要建立相对完善的制度作为保障，重点体现在以下几个方面的制度设计：

一是完善的评估预警机制。主要是针对城市发展现状，对建成区城市居民享用城市绿地的服务质量和水平进行客观的评估，对城市绿地服务公平性、服务效能、服务均衡性等方面不能满足实际需求的区域进行预警提示，以量化分析手段为城市绿地空间布局优化提供支撑。

二是明确保障绿地最低服务水平的赏罚机制。政府决策部门根据城市绿地建设现状，编制完善绿地专项规划，根据国家专业标准，制定城市绿地供应的最低配套水平。在城市绿地实施过程中，通过建立容积率奖励或者配套费减免等奖励措施确保最低标准的城市绿地建设目标的实现。同时，对达不到城市绿地建设标准的项目，以增加配套费、提高税费比例或者是调低开发企业征信等手段进行惩罚。

三是建立监督绿地管理水平的“负面清单”机制。城市绿地建设与管理往往是不同主体，在强化对建设主体进行监管的同时，同样需要对绿地管理主体加强监管。由于城市绿地的管理部门往往是带有政府色彩的职能部门，因此对此类管理机构需要由市人大等地方立法部门出台相关规章制度进行规范。由于对此类行政部门无法以经济手段进行有效监管，建议重点从部门绩效评级或者以建立部门“负面清单”的形式进行规范管理，将绿地管理效果直接与未来部门可承担的职能范围挂钩，以实际的业绩评价来促进政府部门管理水平的提升。

四是建立完善的城市绿地配套财税机制。为了确保城市绿地持续性地向城市居民提供良好的服务，除了新增城市绿地建设资金保障外，还需要有稳定的绿地维护资金作为基本保障。为此，类似于城市绿地这类的公共产品，地方政府可以通过立法的形式规定每年地方政府税收中的某一固定金额作为专项资金，专门用于城市公共产品的维护开支。同时，随着城市规模的扩大，每年还需根据实际情况，预留新增城市绿地的维护费用。存量绿地维护资金与增量绿地维护资金共同构成城市绿地的最低维护费用，以此确保城市居民持续享用良好的绿地服务（图 7-5）。

**图 7-5　武汉中山公园实景**

图片来源：作者自摄

8

# 改进城市绿地建设实施模式的路径

## 8.1 基于我国城市治理特色的顶层设计优化

### 8.1.1 当前我国城市治理结构特点及主要问题

城市治理是指运用决策、计划、组织、指挥、协调、控制等一系列机制，采用法律、经济、行政、技术等手段，通过政府、市场与社会的互动，围绕城市运行和发展进行的决策引导、规范协调、服务和经营行为。目前，伴随着我国城市化进程的加快，城市规模的扩大，公众利益的不断多元化以及公民自我意识的逐步提升，以政府管制与干预为主导的城市治理结构难以应对新形势、新问题。

在过去的城市治理与发展过程中，都认为只有累积社会财富，人民生活福利水平才能提高。以各项经济指标作为考评城市治理的主要标准，容易导致城市政府过度追逐经济指标，忽略城市的社会发展，造成城市环境、生态、社会公共福利等多方面失衡，牺牲城市公众长远的利益。随着市场经济的发展，政府与市场的关系发生了重大的改变，政府机构也多次进行过改革，但是，政府职能并未根本转变，政府仍然垄断着公共产品及服务的供给，包揽过多的社会事务，在管理方式和效率上还有较大的提升空间。

其他社会组织指除政府和营利性企业之外的组织，主要包括各种社团和群众组织，但该类组织在我国数量有限。在传统的城市治理结构中，城市公民社会自主性较弱，城市公民社会在与政府、市场的关系上一直处于弱势地位，参与城市治理的意愿和能力有限。同时，相对于国外的非政府组织，中国不少非政府组织还存在着功能与成员行政化的现象，且对政府资金和管理的依赖性更强。从而决定了我国社会组织参与城市事务管理的数量少，规模不大、影响甚微。

公众参与是实施良性化城市治理的主要力量（图 8-1），目前，我国的城市在规划、建设和运营等诸多环节，仍然实行计划经济体制下政府包揽一切的管理模式，缺乏一个公众参与的机制。在关系到城市发展与民生建设等重大决策方面，公众参与程度低，仍是个别领导“拍板”决策，公众参与仅是一种事后的、被动的参与，仍处于“象征性参与”阶段。

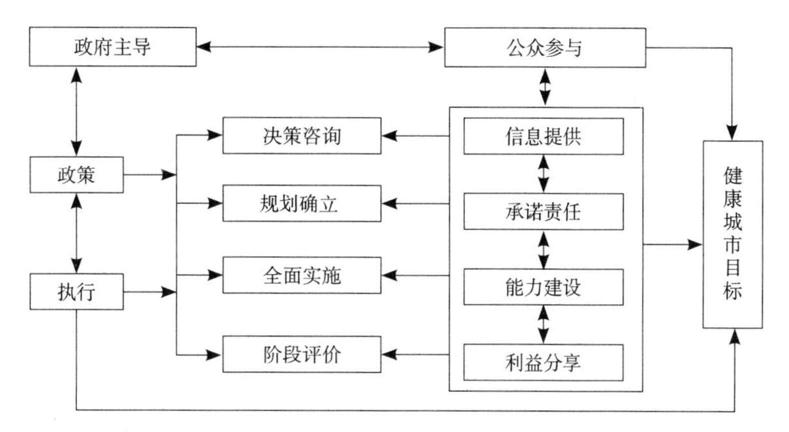


**图 8-1 健康城市建设的公众参与模式**

图片来源：杨国安．公众参与模式在健康城市建设中的应用研究．中国健康教育，2010（10）．

### 8.1.2 面向城市绿地治理模式的顶层设计构想

“顶层设计”[①]是系统科学的概念，即统筹考虑项目各层次和各要素，在最高层次上寻求问题的解决之道。并且，顶层设计往往针对的是中下层无法解决而需顶层来推动解决的各种困难和问题。在城市绿地建设实施的过程中，工作方法的转变提升必须与底层需要相结合，自上而下地系统改进城市绿地治理模式。

前期调查研究阶段，在绿地功能和数量需求的调查中做到实事求是，对形势的发展要有科学的预见性。必须坚持实事求是的态度，一切从实际出发，通过对事物进行深入、符合实际的调查研究，才能获取对事物的正确认知。

在系统性规划设计阶段，在落实绿地专项规划设计中与城市其他层面规划相互呼应、整体推进，纵向、横向地协作与联动，从战略高度认识和规划安排绿地规划与实施建设各步工作。根据系统中的位置，分工合作、明确责任范围、列出权力清单和落实责任主体，从宏观层面理顺各部门职责分工，将各要素深度聚合，

① 周春辉．关于“顶层设计”的思考——以城市规划建设为例 [J]. 中州大学学报，2017，34（3）：69-72.

形成合力，发挥“顶层设计”整体大于部分之和的特点，引领各项事业的科学与可持续性发展。

### 8.1.3 坚持创新与发展

从绿地规划设计理论到绿地建设实践落地，必须讲求科学的方法，“顶层设计”即是践行科学规划与实施的途径和方法的体现。具备创新生命力的“顶层设计”能够打破传统的思维定式，契合时代要求。坚持“创新、协调、生态、开放、共享”的发展理念①无疑是当前做好绿地专项规划设计与实施的基本原则，只有建立在这个发展基础上的绿地治理“顶层设计”才能真正满足人民活动和社会发展的需要。

### 8.1.4 分层级设计落实

城市绿地治理“顶层设计”应根据具体的设计、实施任务，由不同的部门分级完成，具有明显的层级性。要求不同层级的工作制定者针对自己的责权范围设计不同的顶层内容，使制定的顶层设计具有较强的操作性，便于贯彻执行，具体落到实处。

## 8.2 具体措施

### 8.2.1 理顺规划编制体系

1. 建立反馈绿地需求信息的畅通渠道

建立畅通成熟的绿地需求信息沟通渠道，坚持以人为本、“满足人民群众户外活动需求”的建设理念和宗旨，紧紧围绕“化解矛盾，促进发展，满足需求，构建和谐”的目标，进一步增强绿色生态的大局和责任意识，以更高的标准，更加扎实的工作，及时了解广大市民群众对绿地的需求、对绿色生活的愿望，有效化解现存的各类矛盾和问题，充分调动一切积极因素，形成推进城

① 徐人良，陈小瑛 . 践行绿色发展理念 推动生态文明建设 [C]. 中国可持续发展论坛论文集，2012.

市绿地建设持续快速发展的强大向心力、凝聚力，为营造和谐城市生态环境创造有利条件。

畅通市民对绿地建设与需求信息传递渠道，落实信息归口管理责任。可在各区园林局下设信息服务部门，收集绿地建设与使用过程中的相关信息。各绿地建设主管单位要树立正确的业绩观，尤其是各单位党政负责人，要把建设这个第一要务和群众需求这个关键问题同时抓好。要关心市民对绿地的使用频率、方便与否、满意程度、需求矛盾，定期开展辖区内绿地需求信息征集整理工作，收集对于市民使用绿地中的意见、建议，研究改进工作方案、落实具体措施，稳妥处置、及时答复。要突出今后建设提升的重点工作和问题集中的要点热点，切实解决好现存问题，防止滋生新矛盾。要注重从源头上预防和消除问题产生的根本原因，要组织好理论业务知识学习，不断提高部门人员的理论修养和业务素能，促进绿地需求信息反馈渠道的有效建设。

2. 完善跨部门合作编制绿地规划的协调机制

城市绿地系统规划首先是出现在各城市总体规划阶段的一个专项规划，在总规层面对城市的景观总体格局、生态特征及相关指标提出明确要求；另一层次，是编制单独的城市绿地系统规划，确定规划目标、指标，市域、市区范围内绿地结构及各类绿地布局、指标，树种、古树名木、生物多样性规划，分期建设和实施措施等内容。其作用为指导城市绿地建设，解决绿地空间落实及相关建设问题。

鉴于目前绿地专项规划与各级城市规划的编制方法、规划指标及实施管理体系仍有部分不相匹配，导致绿地建设在实施阶段遇到较多问题。如建成区空间资源紧缺，难以推进规划绿地实施；城市分区规划、控制性详细规划往往在落实城市绿地的时候，缩减了城市绿地系统规划明确的面积或改变布局。为解决以上问题，基于我国的规划编制体系，文章提出制定多部门联动、相互衔接的弹性规划内容。

建立多部门联通协调编制体制，应在编制过程中加强城市规划、建设与园林绿地主管与实施部门的通力合作模式，并形成对编制程序及成果联合审查的保障机制；同时，在成果中将绿地布局、建设形式与各城区城市建设更新情况、控制性规划、空间资源特征及土地权属等相关内容的结合作为强制性内容；另一方面，应在绿地系统建设实施部分纳入城市各园林绿化实施主体近期（3 ~ 5 年）建设计划，在规划层面进行校核，落实规划用地、实施主体和相关经费，并开展相关公示，使市民更多参与绿化建设，征集市民意见成为成果内容中实施部分的重要组成部分，以保障绿地建设计划更能解决实际需求。

3. 管理监督机制

城市绿地管理一方面指城市园林主管部门，运用经济的、行政的、立法的手段实现现代城市绿地经济、健康、有效地发展；另一方面是园林主管部门针对各级、各类公共绿地开展工程设计施工及建成后的养护管理，绿地材料如苗圃、草圃、种子基地等为园林建设服务的生产保障管理，园林绿化科研、教育及相关服务单位的管理。

目前，园林绿地管理一方面可以利用政府注重绿色生态建设等优厚政策打开渠道吸纳社会资本，发展园林事业，同时结合行业特点及管理对象创造适合自身行业行之有效的管理经验；同时，以园林专业人员为核心建立养护管理的监理、监督制度，将园林绿地及设施管理经费推向市场，保障管理的技术规范化及绿地资金的有效利用。

城市绿地系统的建设实施包含规划、设计、施工、生产、养护管理等多维度多层次的推进时序，实施主体涵盖政府职能部门、集体国有或个体企业等不同类型的经济实体。因此，应通过绿地管理过程构建责、权、利相结合的纵向和横向管理与监督体系，以保证绿地建设的有效实施。

4. 绿线调整审批机制

依据《城市绿线管理办法》第八条，城市绿线的审批、调整，按照《中华人民共和国城乡规划法》《城市绿化条例》的规定进行。

相关法规禁止擅自改变规划绿地性质和用途。因城市建设和其他特殊原因确需改变规划的，城乡规划行政主管部门应当征得城市园林绿化行政主管部门同意，并按规划审批权限报原审批机关批准。同时，禁止改变公园绿地性质和用途。改变其他绿地性质和用途的，城市自然资源及城乡规划行政主管部门应当会同城市园林绿化行政主管部门提出意见，报同级人民政府批准，并就近建设不少于同等面积、不低于同等标准的绿地；无法就近建设的，按照易地绿化代建方式进行。

### 8.2.2　优化建设实施体制

1. 促进政府与市场机制的有机结合

城市公共绿地建设对改善城市生态环境、塑造城市特色发挥着重要的作用，但城市绿地的建设和养护需要大量的资金投入，其资金的来源需要政府与市场有机结合，发挥行政政策引导作用，吸引企业运营资金投入，采用多渠道、多层次的资金筹措与利用方式，拓展新的融资理念，以完善绿地建设的资金渠道，共同推进城市公共绿地建设。

2. 进一步拓宽城市绿地建设资金筹措渠道

随着经济体制改革的不断推进，涉及城建领域的公共品与非公共品的范围也会发生变化，按照现代政府公共行政的要求，政府财政必须保证纯公共品的供给，在这一趋势下，要提升城市绿地建设设施的效率和实施水平，财政投入的范围也要随之变化，必须从资金投入上进行根本转变，这种转变主要包括两个方面：一是在社会经济发展到一定阶段的前提下，社会资本投入重点要从经济领域转向城市建设领域来。二是城市投入城市建设中的财政资金范围要重点转向城建公共品上来。要科学确定城建财政投入的范围，重点投向包括城市绿地在内的公共产品领域。通过建设资金来源渠道的拓宽，为城市绿地等公共产品的建设实施提供物质基础保障。

3. 大力推进城市绿地投资建设主体的多元化

首先，要开放城建投资领域，对于城市绿地的建设实施全面向投资者开放，以解决目前城市绿地由政府供给所出现的供给数量不足或供给质量不高的问题。其次，要允许和鼓励除当地城市政府以外的其他一切主体参加城市绿地建设投资，以市场竞争倒逼绿地建设品质的提升。特别是要允许非国有投资主体，即国内民营投资者、外商投资城市绿地建设。政府应出台相应的政策措施，保障各类投资主体利益。只有切实推进了城市绿地投资建设主体的多元化，才可以竞争机制，在带动本土实施主体建设水平提升的同时，确保社会公共产品的供给质量和水平。

4. 建设精干高效的城建执行体制

精干原则原先是市场经济下私有经济中所提倡的管理原则，在私有经济中早在1970年代精干原则已得到热烈的反响，1990年代后，在城市管理、公共管理领域中逐渐推广成为热点。精干原则的重点是强调从部门的功能界定入手，通过核定每个岗位完成的工作量，最后确定每个部门的最合理人员数。在城市绿地建设实施领域，各职能部门要执行市政府的决策，执行各项法律法规，离不开一个精干高效的城建行政执行体制。市政府职能部门总部要与指挥、监督职能要求相适应，在内部机构设置、人员配置上高度精干，尽可能集中统一；各下属机构为市政府城建职能部门领导的分支机构。同时，建立管理幅度与管理层次相适应的现场执行体系。随着现代管理技术、手段的改进和管理水平的提高，管理层次越少，管理效率就越高。市政府城建各职能部门原则上只下设一个现场执行层次，现场执行层次不再设下级执行层次。

### 8.2.3 提升特大城市绿地配套水平的空间策略

1. 优化提升城市绿地的空间结构[①]

特大型城市绿地可以明显改善城市生态环境，增强自然环境容量。尤其是相互联系，形成网络串联的绿地系统能发挥更大的生态效益。目前，国内布局合理的城市绿地系统，都是通过河道、路网、市政走廊、楔形绿地把城区与城郊大片的外围绿地联系成网，以将外埠自然“凉风、湿气”引入城市，用以调节城市建成区的空气质量与湿度，形成主导风道，打造区域平衡的良好生态系统与气候。

合理的城市绿化布局是与城市功能需求发展相匹配的，成为城市发展中不可或缺的重要组成部分，与市民休闲、游憩、健身、郊游等户外活动相适宜，满足人们亲近生态自然的需求。

城市绿地系统布局的合理与否首先体现在各类绿地主题、服务半径能否满足市民的活动需求与量化到达距离上；其次，合理的绿地布局必须与城市减灾、防灾体系相结合，能起到防洪、防震、防火、减灾等有效的防灾功能；最后，合理有效的绿地系

① 千庆兰，陈应彪．城市绿地时空演化及空间布局模式研究 [J]. 人文地理，2002（10）.

统，必须串联城市历史遗迹、保护文物和古树名木等绿色文化资源，融入城市文化元素与历史记忆，展现城市风貌特色。因此，空间科学合理的绿地结构，能更好地体现城市绿地的整体性、协调性，更好地表达城市意向，同时保障绿地实施的科学性与可操作性。

国外城市绿地布局经历了由集中、分散、联系、融合的不同发展阶段，到现今城市中自然生态环境与绿地布局日趋平衡、多元、网络化的整体格局（图 8-2）。

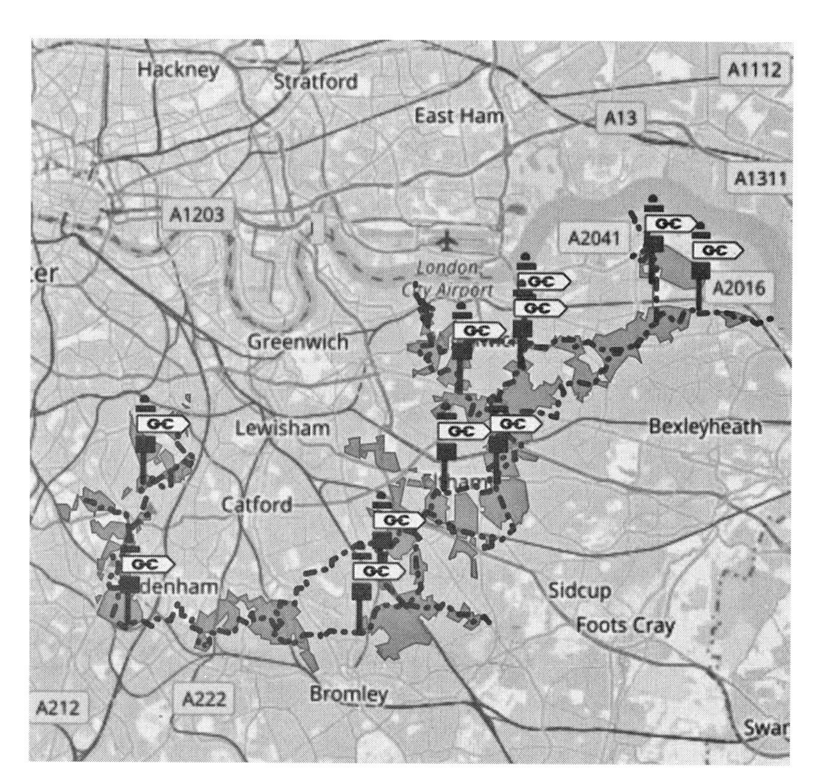


**图 8-2 伦敦“绿链”生态网络 The Green Chain**

图片来源：伦敦绿链官网 www.greenchain.com.

我国的城市绿地布局研究起步较晚，在借鉴了国外大都市经验的基础上，也逐步走向绿色网络、生态完善、与城市动态协调发展的布局模式，因此对特大城市绿地布局提出优化建议可借鉴以下几种主要的布局形态。

1）区域整体布局

特大型城市通常是某一区域内政治、文化、社会、经济的中心，对区域内其他城市具有强烈的辐射与带动作用。因此，绿地布局应结合区域内各城市的位置、自然生态环境、社会人文等因素，在城市群或城市带中统一布局，系统性设置依托自然河流、交通干道形成的绿色通廊，形成整个区域的生态网络。

2）城乡一体发展

城市绿化不仅局限于建成区的概念，而是包括城乡之间的生态绿地。尤其是特大型城市形态中，要实现城乡区域生态平衡，就要落实好城乡一体的生态系统，做到可持续的发展。

3）地面立体互补

常见城市绿化多是平面布置形式，而近年来发展的立体绿化是城市绿化生态效应的有效补充形式，能够有效减缓城市热岛效应，丰富城市绿化空间的多层次、多形式。

如美国高线公园、各类天桥绿化、空中花园、绿色屋顶都是在城市立体空间里增加生态绿色种植，与建筑和市政设施融为一体，满足植物种植所需的土壤、水分和阳光等条件，营造与地面互补的生态绿地格局（图 8-3）。

**图 8-3　纽约高线公园**

图片来源：James Corner Field Operations. The High Line. Phaidon Press Ltd，2015.

2. 提升社区绿化及立体绿化的种植水平

社区应均匀、合理地分布绿地，加强基础绿化种植，做到植物配置科学合理、层次丰富，并大力发展垂直绿化、屋顶绿化，以提高居住环境质量。

社区绿地植物设计与种植首先要满足大众的审美、活动需求，贯彻“大众参与使用”的建设理念；其次，要做到重点突出，局部精品、精细化的建设，绿化种植要因地制宜，根据地方或地域特点做出有特色的景观环境，突出使用乡土植物、特色植物品种，以精细化设计与精细化施工相结合，保障设计方案的精品化实施效果。

立体绿化是现代城市绿化的新领域，可提高社区的绿化覆盖率，满足人们视觉上对绿色的需求。主要的立体绿化类型有墙体、人行天桥、阳台及屋顶绿化等多种形式，立体绿化的实施应与建构筑物结构及设计密切联系，在建构筑物设计时，将实施立体绿化的设施一并考虑，综合满足植物生长所需的种植土壤、浇灌用水、光照时长等必要因素。

3. 选取重点地段的道路，建设临街景观游憩绿带

城市重点地段往往是人流、车流最密集的区域，通过规划合理测算人行、车行流量用以确定各功能空间规模，尤其是要规划布置景观游憩绿带，一方面，可以满足人流停驻、游憩等功能，同时增加城市的人文关怀；另一方面，景观游憩绿带的功能和结构相当于城市绿地系统中的“公园廊道”，是合理增加城市绿地的有效途径。

据初步测算，在步行和自行车出行比例较高的中国，通过在城市重要地段布置景观游憩绿带，并通过各种形态宽窄变化、与线型丰富的组织设计与城市的居住、公共服务等用地有机联系，增加市民游憩活动场地，丰富城市功能界面，在城市景观中起到“画龙点睛”的妙用。同时，景观游憩绿带在城市生态建设中，能联通面状绿地成“廊”成“网”，对加强区域生态效益和社会效益，点亮市容市貌发挥重要的作用。

4. 充分发挥专项绿地对城市品质的提升作用

城市品质提升是近年来人们最关注的话题，而加强城市绿化生态建设是提高城市品质的关键所在，环境优美、风景秀丽

的城市不仅是市民亲近自然的需要，也是创造一流人居环境和创业环境的需要。它可以塑造城市的魅力，增强市民的自豪感和自信心，最终增强城市的竞争力、凝聚力，进一步提高城市的战略地位。

单一的绿化种植或游园空间只能满足最基本的生态与活动功能，必须在城市绿地中注入文化元素与地域精神，这样的绿地才能提升城市品质，彰显城市特质，形成自身独特魅力，形成自身风格。随着现代化城市的发展，城市需要不断更新。从人类历史上看，世界上几乎所有的古老城市都经历过许多次社会、政治和经济上的变化与制度上的更新，每一座历史名城依然以其独特的形象存在着。其中，最持久、最具资源潜力和文化形象之一的就有绿地景观。如合肥的环城公园，即是利用原有的城墙建环形绿地，绕城绿环有一定容量，绿色空间分布较均匀，且多数城中居民容易到达。因此，绿环在改善生态环境的同时，又形成了城市的品质与特征。

5. 完善复合绿地规划布局

对人类效用而言，没有哪类功能是基于唯一目标存在的，很多城市建成区具有功能导向的用地如居住用地、商业设施用地、游憩设施用地等都在功能上可与绿地空间相互复合、结构上相互关联支撑，满足各自的组织要求。

为完善复合绿地规划布局，规划应运用生态整体思维，依据“自然生态平衡、经济生态高效、社会生态公平”原则，在中心城区合理组织“生产、生态、生活”复合功能；针对不同功能，用地布局中采取“保护、引导与控制”差异性的规划措施，确保生态功能得以保障，生产功能得以引导，生活功能得以控制。可以有效缓解中心城区绿色空间“低供给与高需求”的矛盾。

6. 维护绿地供给的公平性

弗雷德里克森在《新公共行政学》一书中指出：倡导公共行政的社会公平是要推动政治权力以及经济福利转向社会中那些缺乏政治、经济资源支持，处于劣势境地的人们。城市绿地是社会公共产品，政府对城市绿地的供给过程中，也应该关注社会的公平性问题，以体现“社会公平”的公共行政核心价值。

一方面，可以对城市绿地供给中服务距离较远或者服务规模有限的群体进行经济补偿。笔者认为，这种经济补偿模式[①]包括发放公共绿地资源补贴或者减免个人所得税等形式。如：对城市绿地的服务距离和绿地规模等服务水平制定一套明确的最低服务标准，低于此标准的城市居民，每月可领取一定数量的城市公共绿地资源补贴。也可以通过常驻地房产证明，对绿地服务水平较低的群体在申报个税时予以一定额度的减免。

另一方面，政府应采取一定措施，对承担城市绿地供给任务的企业给予适当的政策支持和补偿。由于城市绿地具有一定的社会福利性质，而同时，绿地的载体——城市土地资源又具有显著的稀缺性和不可再生性，企业通过市场获得城市土地使用权进行土地开发的过程中，投资建设一定规模的城市绿地，在改善土地环境品质的同时，对社会而言，是对具有获利潜力的土地资源转为非盈利性质公共产品的一种贡献，政府可以通过直接的经济补贴以奖励企业，并适当减少进行土地开发中的经济损失。

### 8.2.4 完善绿地建设的管理机制

#### 8.2.4.1 政策保障机制

一是明确绿地管理机构，保障建管统一。在面向公众的绿地管理调查中，多数公众都认为地方园林局是城市公共绿地的管理部门，而现实中因建设投资主体不同，城市公共绿地建设管理部门众多，不利于城市公共绿地的统一管理。鉴于此种情况，应整合城市公共绿地管理部门的职能，进而统一整合城市公共绿地建设出资单位，按照出资单位不同对建设及管理的城市公共绿地进行跟踪管理，全程了解项目进度及具体建设情况，对各项目建设中存在的问题及时通告，限期整改；另外，整合城市公共绿地管理规范工作，统一建设管理准则及要求，且由当地政府相关负责人及主管部门牵头，整合绿地建设管理相关法律、法规，取消各建设单位自行设定的管理条例。

二是规范公共绿地建设程序，保障审批高效。城市公共绿地方案审批系统可以联合发改委、国土部门、规划部门、园林主管部门，建立健全城市土地建设网络系统，明确土地性质、规划用

① 高盛鑫．生态城市协调治理对策的研究 [D]. 南京：南京林业大学，2008.

地面积、规划用地属性、建设使用年限、建设单位及方案设计的采购流程。绿地主管部门定期组成专家小组，对城市公共绿地建设项目方案进行评估。审核各项目方案及流程，避免重复建设，浪费公共资源，省去现状各绿地项目前期各部门盖章程序，审批系统定期将已审批完成项目报送发改委，提高城市公共绿地建设项目的审批效率；通过规范审批流程可发挥绿地主管部门的专业指导性，合理规划、有效建设城市公共绿地。同时，将政府公共管理事务透明化，建立审批项目网络公示化流程，接受公众的意见与监督。

1. 健全园林和林业法规体系，加强生态保护力度

加大执行《武汉市城市绿化条例》《武汉市基本生态控制线管理规定》等法律法规的力度，加快编制《武汉市城市绿地占用补偿办法》《武汉市生态公益林条例》，把园林及林业各项工作纳入法制化轨道，严格征、占用绿地的审批制度，加强对树木和林地的管理，进一步建立和完善地方配套的生态建设与保护法规体系。

2. 加强配套制度体系建设，完善绿化行业标准化

完善林业灾害应急预警制度，建立重大有害生物监测预警网络和应急指挥信息系统；完善造林绿化产权制度，制定并严格执行《武汉市生态公益林经济补偿办法》，逐级编制森林经营规划，推进森林经营专业化和规模化。出台《武汉市建设工程项目配套绿地审核技术管理规定》，规范绿化行业发展。

需要强调的是，在强化公共政策指引的同时，更要协调可能产生的各种冲突和矛盾，正如 John M.Levy 在《Contemporary Urban Planning》中提到的，“美国联邦政府曾经颁布的住房政策，有时可能会发生冲突。例如，设计了土地用途管制保护环境和邻里质量，在那个社会奉行旨在帮助低收入和中等收入家庭买不起房政策的同时，可能推高新房屋的成本”①。因此，在建立完善的制度体系的同时，更需要建立制度体制之间的协调机制。

8.2.4.2 实施管控机制

1. 注重规划引领

进一步强化规划对城市绿地建设的引领作用，编制《武汉市

① John M.Levy. Contemporary Urban Planning[M]. Prentice Hall,Englewood Cliffs, N.J 1988：185.

永久性绿线规划》《武汉市城市公共绿地实施性规划》等一系列园林及城市绿地规划，按照大部制改革的要求，以规划引领建设，推进武汉市城乡园林、林业建设跨越式发展，实现自然生态改善社会生态。

2. 强化规划管理

建立部门联席制度，将城市规划、国土、园林、城管等部门职能进行协调整合，以城市规划为引领，进一步推进园林部门参与到城市规划的编制体系中，积极参与城市总体规划至修建性详细规划的各个环节，确保城市绿地服务城市居民的初始目标在城市规划中得以落实。

3. 绿线划定

规划按照初步方案、用地校核、分局审核、控规导则衔接等四个阶段划定绿线。

初步方案阶段——以绿地系统规划、湖泊三线保护规划、主城及新城组群控规导则为基础，按照前期研究确定的一系列标准，提出初步的绿线。

用地校核阶段——依据市规划局提供的批租、划拨等用地审批信息，以及控制性详细规划等区域性规划，以及城中村改造规划等实施性规划，对初步方案确定的绿线进行认真校核。

分局校核阶段——将绿线划定初步成果提交各分局，电子数据纳入规划局一张图信息系统审查层，请各分局对绿线进行校核，并通过召开协调会的方式实现无缝对接。

控规导则衔接阶段——以控规导则编制为平台，与“1+6”规划衔接，与中小学专项、红黄线专项、公益性公共服务设施专项等各专项组进行用地协调，使最终的绿线划定方案既具有前瞻性，又现实可行。

8.2.4.3 管控方式

绿线采用实、虚线两种方式进行控制。其中，绿实线为必须进行强制性控制实施的各类绿地，主要包括城市级公园绿地、三环线防护绿带及铁路防护绿带等绿地，其地块的位置、边界形状、建设规模、设施要求等原则上不得更改。绿实线控制的社区级公园绿地、三环线以外的道路防护绿地、高压走廊防护绿地，其用地的位置和范围则可按照绿线划定原则通过下位规划落实，在控规编制单元内的控制指标原则上不得更改；确须更改指标的，要经过相应的调整、论证及审查程序，报原审批机关审查同意。

绿虚线主要包括道路防护绿地等，可在远期改造过程中控制实施，绿虚线不纳入绿地面积统计（图 8-4）。

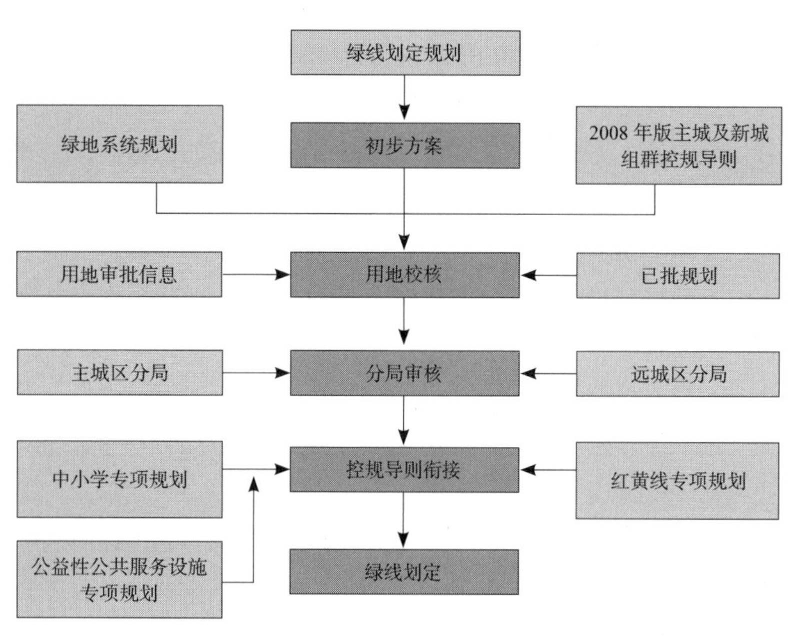


图 8-4　规划绿线控制流程图

8.2.4.4　管理监督机制

1. 健全完善的管理体制，落实目标责任制

健全市政府—市园林和林业局—区园林和林业局（或城管局）三级管理体制，明确工作目标、责任分工、投资原则、工作措施等方面，形成统一领导、密切协作的工作格局。按照“统一规划、属地建设、属地管理”的原则，签订绿化责任书，落实党政“一把手”任期目标责任制。

2. 规范人才管理制度，建立高素质的城市绿地管理人才队伍

高度重视人才管理机制的合理运行，按照“大绿化、大产业、新水平”的要求，建立城市绿地管理部门绩效管理制度，推行全面薪酬战略；加强人才队伍建设，造就一支数量充足、结构合理、素质较高的城市绿地管理人才队伍。

3. 提升绿化养护水平，进一步完善城市绿地管养机制

规范和明确全市园林绿化养护管理的工作目标、重点及职责，并通过业务培训等形式提高养护作业人员管理水平。同时，推行城市绿地精细化管理的全覆盖，理顺园林绿化建管体制，加强养护管理处的职责，完善园林绿化考评机制，利用第三方独立调查机构对全市园林绿化养护管理进行全方位考评与指导，全面提升全市绿化管养水平。

4. 增加公众参与渠道，健全公共参与机制

完善园林和林业信息网站，继续推行政务公开，定期发布资源情况、政策法规、项目审批和案件处理等园林、林业信息，确保公众知情权。设立微信平台、公众号，关注群众意见，完善公众参与监督举报机制。同时，向社会聘任资源保护工作监督员，密切关注本区域园林、林业状况，积极检举乱砍滥伐的违法行为，实现群众的全方位参与。

8.2.4.5 绿线调整审批机制

1. 绿线调整的审批管理机制

绿线的实施应遵守《武汉市城市绿线管理办法》，城市绿线的变更和调整应当遵循绿地总量平衡的原则，其调整应由建设方委托具有相应资质的设计单位编制调整方案及论证报告，规划主管部门和园林主管部门共同组织相应的审查、公示及报批程序。绿线应以控规编制单元为基本单元实施占补平衡，编制单元内不能实现占补平衡的，应报规委会及市政府审查，并经批前公示程序后，方可履行相应的批准程序。

其审批程序包括“提出申请—两局联审—规委会审查—市政府审查”四个阶段。

第一阶段：建设方向市园林局、市规划局提出调整绿线的有关申请，申请文件中必须提供绿线调整的占补平衡方案。

第二阶段：在控规编制单元内可以达到占补平衡的申请，经两局联席会议审查同意后，进入批前公示程序，公示期为一个月，公示无意见，方可履行相应的报批程序。

第三阶段：在分区组团内可达到总量平衡的申请，经规委会审查同意后，进入批前公示程序，公示期为一个月，公示无意见，方可履行相应的报批程序。

第四阶段：在分区组团内不能达到总量平衡的申请，经规委会及市政府审查后，进入公示程序，公示期为一个月，公示无意见，方可履行相应的报批程序。

2. 绿线调整占补平衡要求

绿线的占补平衡遵循“同等级别、同等区位、同等规模”的三同等原则。

同等级别指补充的绿地应具有与被占用的绿地相同级别的使用功能，即占用城市级绿地，则补充的绿地必须满足原城市级绿地的使用要求，以及原绿地相应的防灾避险、地下复合功能使用要求，占用社区级绿地，则补充的绿地必须满足原社区级绿地的使用要求，以及原绿地相应的防灾避险、地下复合功能使用要求。

同等区位指补充的绿地应具有与被占用的绿地相同的区位，满足原有绿地的服务覆盖要求。

同等规模指补充的绿地应具有与被占用的绿地相同的用地面积。

主城区生产绿地作为公园绿地的备用资源，其调整遵循占补平衡原则。

此外，高压走廊入地或取消后，原控制防护绿地的调整应保证原防护绿地 50% 的面积作为集中的城市公园控制（图 8-5）。

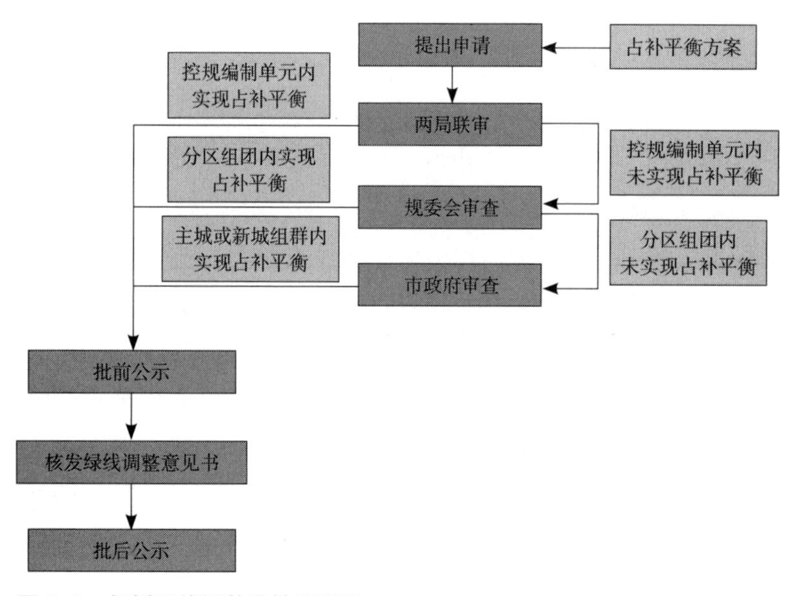


图 8-5 规划绿线调整审批流程图

8.2.4.6 实施措施机制

一是加强外部管理协调。城市公共绿地建设管理涉及的多个部门，每个部门都具有相对独立的行政职能，并不能自行其是，应相互协调。在政府部门坚持“责权一致”的原则下，不超越权能范围，在涉及与其他部门有交叉的内容时，应加强市级绿地主管部门对区级绿地、规划、土地、建设等管理部门的统一协调和行业指导，而各部门间也应积极采取措施相互协调，理顺规划、审批、管理、验收和监督各环节的关系。

二是强化行政职能。按照我国行政体制改革目标，应将公共绿地管理部门所承担的绿地养护、管护等企业功能进行剥离，实行所有权与经营权的拆分，绿化管理部门仅承担行政管理职能，既可以管理者姿态充分履行其管理绿地的职能，又可以明确相互主体之间的权利义务关系，使绿地的日常养护、管护迈向专业化、规范化和制度化。

三是建立市场管理。建立市场管理即在绿地设计、建设施工、养护管理等领域引入市场竞争机制，健全的城市绿地项目市场招标投标机制，完善绿地项目市场运作和监管体系。并最终建立以市场为主导，政府职能管理和社会市场参与相互补充的建设管理模式。

四是构建信息技术支撑。目前，国内不少城市如北京、上海、广州、武汉等应用地理信息系统技术建立起与城市规划相关的信息管理系统。但绿地系统规划如城市总体规划中绿地专项目标、布局仅有一些必要的定性分析和控制，对指标的量化研究却较少，绿地系统规划的科学性、准确性有待加强，但城市绿地系统规划编制的基础是准确掌握现状绿地的数量、分布及分析存在的问题。因此，需要构建一个全面的、高效的、以科学技术为支撑的城市绿地信息管理系统，用以提供信息、分析信息和作出决策，从而提高绿地系统规划的合理性和科学性，同时为城市绿地管理部门的决策提供可靠依据。

8.2.4.7 提升政府管理效能

一是减少政府层级。政府层级越多，政府间的博弈成本越高，越难实现公共产品的最优供给量，造成公共产品供给的效率损失越大，因此，在获得居民对公共产品偏好信息相同的条件下，应该尽可能减少政府层级。

二是明确政府行为边界。随着我国社会主义市场经济的发展，市场经济被推崇到前所未有的高度，但由于市场是不完美的，时常出现“市场失灵”，因此，政府这只“看得见的手”也被认为是社会主义市场经济不可或缺的重要力量。面对复杂的市场化过程，政府也并非全知全能，政府为了力求自己行为的成本与效益最优化，于是会对经济社会生活干预过度，或者是干预方式单一。这就会造成政府行为超越边界，管了不应管的事务，没有把握好有所为与有所不为的界限，最终腐败风险诱发机会就大大增加。因此，明确政府行为边界，是减少政府腐败风险的有效路径。在城市环境公共产品市场化过程中，明确政府行为边界必须清晰界定政府“有为”与“无为”领域。政府“有为”领域包括：维持良好的政治社会秩序，以保障企业良好的投资经营环境；实行有效的宏观调控，培育市场和规范市场；致力于相关法律法规的完善，为市场化提供稳定而强大的法律保障；保证城市环境公共产品供给的稳定性和持续性。而政府“无为”领域主要是企业依法从事生产、经营及内部管理活动。在明确政府“无为”与“有为”领域的基础上，对政府行为边界进行有效的控制。首先，要规范政府行为。一方面要实行政企分开，限制政府的职权范围。要尊重市场主体的自主权，承担培育市场、监督市场、维护公平、创造良好环境的职责，把微观经济运行问题交由市场处理；另一方面要规范审批行为。不规范的行政审批是诱发政府寻租的重要原因，某些政府公职人员会运用手中的审批权力“创租”，或设置种种阻碍来“抽租”，以谋求更多的私人利益。除此之外，复杂的行政审批也会增加社会成本，造成资源的浪费，使资源配置不经济。为了保障市场化过程中企业的利益，减少政府腐败风险，保证城市环境公共产品的有效供给，政府应大幅精简行政审批程序，做到程序和手续公开、透明、简便。同时，要完善对政府行为的监督机制。首先要建立完善的约束机制，使政府公职人员行为有章可循、有法可依；其次是要发挥各种监督主体的监督作用，比如立法监督、司法监督、舆论监督等。

三是推进政府组织改革。根据城市政府城建行政职能，城市政府城建行政组织改革有三种模式可供选择。第一种模式是实行规划、建设、管理三者分开的机构模式，即按规划、建设、管理三者分立并重，突出强调城市规划职能以及决策与执行相分离的原则来确立城建行政总体组织模式。第二种模式是规划独立、建管合一的机构体制。即规划管理机构按照有利于发挥规划的龙头作用的原则独立设立，不隶属于建设管理机构。第三种模式是实行规划、建设、管理合一的机构体制，即城市规划、建设和管理职能均由一个机构综合协调、归口管理，该机构实行委员会制，对城市政府城建行政管理职能进行统筹协调，承担决策、指挥、计划、监督、协调职能，该委员会一般不承担具体的规划、建设、管理等微观执行职责，其下设立若干专门机构，分别承担城市规划、市政基础设施建设、房地产、环境保护与环境卫生、城市公用事业管理等职责。上述三种组织模式各有优缺点，采用何种组织机构模式，要与各个城市的历史与沿革、习惯、特点相适应，从各自实际出发，因地制宜确定。

# 9 展望

随着中国经济向市场转型的深入推进以及城市公众民主意识的不断增强，城市面临着比计划经济时代更加复杂的矛盾。市民对公共产品在公平性、效率和品质方面的需求达到空前的高度，是传统意义上单纯对规模和数量方面的要求不可比拟的。同时，由于城市公共产品自身在提供服务的形式和提供服务的机制上与传统意义上有着很大的差别，影响公共产品服务效能的因素也更为复杂。城市绿地作为典型的公共产品，针对当前存在的各种问题，在遵循服务效用优先这一根本原则的基础上，进一步优化绿地建设实施的顶层设计，并逐步完善各类配套机制体制，是提升城市绿地服务水平，确保城市绿地建设质量的必然选择。同时，技术发展及政策完善也将对城市公共产品的提供产生积极而深远的影响。展望未来，笔者认为城市规划设计手段的创新、智慧城市技术的应用、园林及建筑技术的发展以及城市公共政策的优化完善都将是影响城市绿地的建设实施模式革新的重要因素。

## 9.1 城市公共政策优化完善

过去近 40 年，我国公共政策学的发展经历了从无到有和逐步规范的过程。20 世纪 80 年代，随着改革开放的全面推进，我国积极学习西方先进的管理经验和方法，公共政策作为新兴研究领域也开始传入我国，在学科研究起步阶段，我国以学习和补课为主。进入 20 世纪 90 年代后，我国建立社会主义市场经济体制目标日益明确，公共政策学科发展迅速，这一阶段，研究理论逐步在管理与公共治理方面应用实践。进入 21 世纪后，随着我国加入世贸组织和市场经济体制的逐步完善，城市公共政策研究体制逐步完善，各类高等院校在公共政策方面的学科建设也形成体系，相关研究成果如雨后春笋般涌现，为完善我国公共治理体系提供了丰富的理论支撑。

当前，国外公共政策研究领域也出现了一系列变化趋势。一是对公共政策的研究方法和路径日益多样化，其中，运用经济学理论和手段来进行研究的模式越来越被广泛应用。二是政策科学作为一门学科，被逐步细分为政策工具研究、比较公共政策、政策伦理学等分支学科，公共政策理论与不同类型的公共产品的结合更加紧密。三是随着社会发展出现新的变化特点，政策科学的研究主题不断拓展，在不同的研究方向已逐步形成了一些新的理论成果，相对成熟的研究成果体系对公共产品的现实指导意义较为明显。

基于以上特点，笔者认为未来城市绿地作为城市公共产品，在建设实施模式不断优化提升的同时，针对城市绿地建设实施的公共政策支撑将产生以下几方面的转变：

一是城市规划作为公共政策的重要载体，其地位将进一步凸显。由于城市规划的制定和执行体现出很强的政府意志力，是政府干预城市发展的重要手段，而政府又通过制定各种公共政策来实现对城市规划的干预。当前，各地通过建立完善的城市规划控制、引导和监督体系，逐步探索出有效实现城市公共管理目标的路径。城市绿地作为重要的城市公共产品，其建设实施离不开公共政策的支撑，而城市规划将通过空间布局来使城市绿地服务公益、优化环境、提升城市品质的基本目标得以更好地实现，同时，也从空间布局上落实公平和效率这一对公共政策目标。

二是公共政策将与相关学科深度融合。公共政策涉及城市、社会和经济的方方面面，受到法律、政治、经济、社会、心理、行为科学等学科的影响，从西方公共政策的发展趋势来看，面向城市治理的公共政策不断从多种学科中汲取营养，体系逐步完善，针对不同类别的社会问题，公共政策在融合了多学科理论支撑后，其指向性和针对性更强。面对城市绿地这类公共产品，公共政策的制定将进一步融合园林、生态、管理、社会及文化等专业领域，其政策的科学性将得到进一步提升。

三是依法行政将成为公共政策“制度化”的重要保障。当前，国内相关城市配合城市治理的各种法规相继出台，如《基本生态控制线管理类条例》《建设项目环境保护类管理条例》等地方或者部门性法规，有效地解决了城市管理中出现的各种问题，为各类公共政策的实施落实提供了保障。相关部门和地方政府关于城市绿地建设实施类的条例和法规也将进一步建立完善，“依法行政”的制度化进程为确保城市绿地建设目标的实现提供了前提条件。

四是为城市绿地建设实施的公共政策理论将在实践应用中不断完善。应用研究和理论发展之间的关系和矛盾是实用型学科都要面对的问题，面对仍处于探索实践阶段的建设实施类公共政策理论更是如此。随着我国社会法制化进程的加快，以及城市综合治理水平的提升，应用于城市公共产品的政策理论研究不断积累更多的实践经验，同时也将反馈学科和理论研究，实践与研究之间相辅相成，相互促进。可以预见，在不久的将来，城市绿地建设实施的公共政策理论将更加完善，面向实施的城市绿地管理体制也将更加健全。

## 9.2 城市规划设计理论创新

城市是人类活动的聚集地，建设理想城市一直以来都是人类对美好家园不懈追求的目标。纵观世界城市规划设计理论的发展历程，从“田园城市”，到“光明城”，再到“生态城市”等，都是相关社会学者、精英们针对不同时期城市发展所出现的主要矛盾以及科技进步带来的技术革新，提出的具有前瞻性的规划思想，并通过不断地逐步实践，推动世界各地城市的发展建设。近年来，随着互联网等新技术的飞速发展，人们的生产、生活方式都发生了巨大的变化。而根据相关机构以及学者对我国城市未来发展趋势的研判，到 2025 年，我国城市消耗将占全球能耗的 20%，新增 3.5 亿多城市人口中将有超过 2.4 亿流动人口，城镇化快速推进所带来的能源、资源消耗和人口规模、建设规模都是史无前例的，我国的城市社会经济发展将面临十分严峻的考验。基于此，不少学者从不同的学科角度提出了如发展“绿色城市”、“智慧城市”等我国未来城市发展的理念与建议。考虑到城市本身是一个十分复杂的巨系统，不同的发展策略大都针对的是某一类问题，因此，结合相关国内外学者研究内容，笔者认为我国未来城市规划涉及城市绿地生态建设方面的重要发展理念将主要体现在以下几个方面：

一是坚持生态城市的建设理念。自 1972 年联合国通过《人类环境宣言》鼓舞和指导世界各国人民保护和改善人类环境，可持续发展以及生态城市建设逐步成为当今全球城市建设发展的重要理念，我国也在党的“十八大”报告中首次单篇论述了生态文明，并把“生态文明”建设放在突出地位。美国城市规划从20世纪70年代便开始理论探索，如今生态城市理念已逐步成为美国城市规划的重要准则并通过一系列的政策、目标体系务实地推进城市建设。张文博等曾以美国生态城市建设为案例，并将生态城市理念的发展与实践历程概括为理念探索，目标设定和初步试点，指标评价体系构建以及广泛应用，完善和务实推进四个阶段。相比较之下，从近些年来国内开展的“天津中新生态城”、“武汉中法生态城”建设等实践案例，以及住建部和地方出台的相关标准，如《绿色建筑评价标准》以及上海市出台的《关于推进本市绿色生态城区建设的指导意见》来看，我国生态城市建设大致处于评价体系构建和应用向完善和务实推进阶段的过渡时期，参照美国生态城市发展趋势，今后时期，就城市生态绿地建设方面而言，一方面需通过实施评价等途径逐步完善生态环境的指标体系；另一方面则需重点加强实施机制的研究，协调好各类主体等方面的作用，务实推进生态城市建设。

二是基于生态基础设施的建设理念。生态基础设施（Ecological Infrastrcture，EI）这一概念最早出现于联合国教科文组织的“人与生物圈计划”（MAB）的研究，MAB于1984年针对全世界14个城市的城市生态系统进行研究，在其报告中提出了包括生态保护战略、生态基础设施、居民生活标准、文化历史的保护以及将自然引入城市“五项原则”。其中，生态基础设施表示自然景观和腹地对城市的持久支持能力，即人们认识到各种城市基础设施对自然系统的改变是导致景观破碎化、栖息地丧失的主要原因之后，开始意识到这一问题的严重性。由此，提出对人工基础设施采取生态化的设计和改造，通过科学的设计来维护自然过程和促进生态功能的恢复，并将此类人工基础设施称为“生态化的”基础设施。这一方法不仅包括了传统的城市绿地系统的概念，而且还包含一切能提供上述自然服务的城市绿地系统、林业及农业、自然保护地系统。

从规划设计角度来讲，它是一种将城市开发与自然保护相结合的方式。根据相关研究，生态基础设施大致可以按照斑块类别、尺度分为城市绿地、河流湖泊、农田、湿地与自然保护区等四大类型，不同类型的生态基础设施功能特征都有不同。我国近年来开展的海绵城市建设以及湿地生态修复等便属于这个范畴，但从内容来看都是着重于单个层面，内容较为单一。而生态基础设施最重要的内容便是强调其系统性、整体性、网络性。随着我国相关部门职能的调整以及国土空间规划工作的开展，未来的规划内容当是市域范围乃至更大尺度的生态系统，而生态基础设施理论所涉及的评估框架，针对多尺度、多类别的生态基础设施的研究以及相应的政策的制定与建设等都将是我们规划研究的重点。

三是体现社会公平的建设理念。当前，生态城市发展模式更加重视社会公平性和发展机会的均等性。如美国在生态城市目标体系中不断提升反映社会公平的指标权。作为城市绿地来讲，笔者认为其社会公平性主要表现在可得性以及公众参与两个方面。前者强调的是公园绿地的服务覆盖水平以及绿地的可达性，这在我国的《生态园林城市评价标准》以及2016年发布的《住房城乡建设部关于加强生态修复城市修补工作的指导意见》等中都有体现；后者则强调的是鼓励社会的广泛参与，包括社会资金的投入以及建设管理等不同阶段的多方参与。以往国内所提倡的公众参与更多地体现在征求意见以及社会监督等层面，而随着今后各类生态设施建设的进一步深入，生态系统的内涵将进一步地延伸拓展，所涉及的建设主体也应当会更加广泛。如在美国新一轮生态城市建设中将决策和沟通等涉及多方利益的任务交由市民组织分担，而将技术推广、行业监督等更加专业和具体的任务交由专业组织实施。通过动员、鼓励社会公众、企业、社会组织等主体参与到生态建设，一方面可以减轻政府职能的压力，另一方面也可通过多方主体的广泛参与保障生态建设满足各类主体的利益与诉求，减低建设工作阻力的同时促进社会公平。

四是城市文化活力提升的建设理念。从城市最基本的职能来看，经济、政治和文化是其最重要的三个方面。而国际经验表明，文化及创意产业能帮助增强经济基础，有利于经济顺利转型。城市中各类公园绿地作为城市文化活动的重要载体，一方面可以通过主题设计体现地域文化与社会底蕴；另一方面则作为城市居民休闲、娱乐、锻炼等活动的重要场所，本身也是传播社会文化信息，提升社会活力的重要途径。从未来规划设计角度来讲，城市绿地作为最重要的公共空间之一，不能仅仅停留在景观塑造方面，还应当加强设施配套以及相应的活动策划等内容。以美国生态城市建设为例，在城市可持续发展的过程中逐步强调城市环境与社会系统的共同进步，并将提升社会活力纳入生态城市建设的目标体系，如纽约使用遮蔽的绿道比例反映社会交流的活力，西雅图、亚特兰大设定了城市公园和开敞空间的数量和投入目标，来促进居民的社会交流，巴尔的摩则设置了城市节庆活动的频率和资金投入目标，促进城市的节庆活动。

## 9.3 智慧城市及大数据技术的应用

智慧化是继工业化、电气化、信息化之后，世界科技革命又一次新的突破。美国IBM公司于2010年提出了“智慧城市”愿景，认为城市由关系到城市主要功能的不同类型的网络和基础设施组成，此后，“智慧城市”的概念正逐渐被更多的国家和社会公众所理解和接受，“智慧城市”的每一个细节都会产生庞大的数据，城市运行体征正是通过数据进行量化表现出来的，因此，“智慧城市”的运行基础也来源于对大数据的深度分析，对这些体征的管理也需要大数据的推动。

### 9.3.1 大数据发展对城市规划管理模式带来的转变

随着近年来互联网技术的快速发展，大数据、云计算、物联网等相关技术不断迭代升级，给城市规划行业带来了显著的影响，不仅促进了城市规划的科学化与城镇治理的高效化，也使得各部门在数据及时获取与有效整合的基础上，能够及时发现问题，实时进行科学决策与响应，同时，也为公众参与提供了基础与平台。

9.3.1.1 大数据的分析方法能实现城市规划从片段统计转向动态演变分析

传统的城市规划研究所需的数据必须通过文献查阅或者抽样的方式才能获取，其数据来源往往依托全国性的调查，而全面、高精度的普查间隔周期非常长，往往需要一年、几年甚至十几年才会进行一次，而且调查的数据种类有限，精度相对粗糙。这种片段式的数据使用模式不能全面、准确地反映城市的相关信息，同时在数据的现势性方面存在很大的不足。随着技术水平的发展，数据获取设备能力的提高，大数据的分析方法在城市规划当中的应用，实现了分析研究从片段的统计向动态演变模拟的转变，数据的现势性更强，趋势结论更明确，对规划决策起到更贴近实际效果的作用。

9.3.1.2 大数据的分析方法使研究对象从概略整体转向精细个体成为可能

传统的城市规划分析方法，更倾向于对城市居民的整体行为进行研究，突出城市居民行为的同质性，对研究对象的行为习惯只作简单集合归纳，而往往忽略了特殊人群对城市功能的个体需求差异。传统研究方法的这一缺陷，违背了城市规划“以人为本”的指导原则，也不适应城市规划学科编制手段日趋精细化、服务对象日趋个性化、规划体系日趋扁平化的整体发展趋势。大数据时代丰富的数据和新兴的数据处理技术，为城市在微观层面的研究提供基于个体的高精度的时间、空间数据，为深入挖掘个体行为差异及其对集合的影响提供可能。

9.3.1.3 大数据在城市公共设施规划中的运用将大幅提升配套服务水平

随着大数据内容的开放，人的个体信息、人的出行轨迹、人的上网行为、人的消费记录，都为研究者提供了对人群进行分析、画像的数据条件，以人群画像为基础的公共资源配置方法将成为规划方法论中的一个典型变化：不同区域人群的行为习惯都会成为城市规划为其配置公共资源的依据。同时，大数据基础设施和数据价值提取能力的开放则让各行业的研究者能够低成本地开展专业领域研究。因此，大数据在城市规划中的广泛运用，人群画像中的各种特征关系研究取代大一统的“千人指标”来计算城市基础设施供给水平，将使得城市设施的配套水平更加人性化，更加合理。

9.3.1.4 大数据的分析方法促进城市规划研究从简单观察转向复杂的模型模拟

传统的研究工作中，由于数据缺乏、计算能力低，规划人员不得不从少量的观测数据中提取信息，减少研究中应该关注的要素，采取少变量，甚至单一变量的研究方法来为规划决策提供支撑。此种模式在研究复杂的城市现象时，难以描述诸多要素及其彼此间的相互关系。而当前随着信息技术的发展，城市规划研究可以通过丰富的数据，更充分地验证当前城市研究中的各种设想，采用更为复杂的模型分析城市系统、模拟多变量的结果，甚至发展新的理论。

9.3.1.5 大数据为规划模型可视化与监控提供有力支撑

过去的规划模型受限于数据源，其结果是非连续的，是指某一时间点的预测数据 + 规划理论 + 模拟计算的结果，随着时间的推移，任何预设条件的改变都会影响最终的结果。而随着大数据时代的来临，数据的连续性和丰富性为模型预测和跟踪带来了可能，通过程序的预设，将可以更直接地看到不同数据或数据组合所反映的结果，更多的是动态数据的采集、数据挖掘、业务模型计算和预测对比，规划设计成果将不仅仅是一张专业图纸，而可能是一个动态模型。完全可以使用同一数据源来进行预测分析、后续跟踪和适时调整，规划设计将和城市管理有更紧密的连接。

### 9.3.2 “智慧城市”背景下城市绿地建设模式转变展望

由于“智慧城市”广泛采用了物联网技术、云计算技术等新一代信息技术。如前所述，信息技术的应用能够有效地反映“城市病”的各种“症状”信息，能够使城市变得更易于被感知，这也为更合理地整合城市资源，实现对城市的精细化管理，提高各类城市功能用地的服务水平提供了前提。从技术角度分析，“智慧城市”技术应用到城市绿地建设将带来以下几方面的转变：

一是感知能力的提升。“智慧城市”的核心技术是传感技术，通过各类信息传感仪器采集并实时汇集绿地网格的空气质量、服务人口变化情况的实时数据，智能识别、立体感知城市绿地中环境、状态、位置等信息的全方位变化，实现对城市生态各方面的监测和全面感知。

二是实时反馈使用需求。“智慧城市”有着实时信息流的技术优势，信息传输流作为智慧城市的“神经网络”，极大地增强了智慧城市作为自适应系统的信息获取和实时反馈的能力，能在固定的周期内及时反馈成居民对城市绿地的使用需求。

三是实现综合信息会汇。“智慧城市”为全方位汇集各类数据提供了平台，来自分布在城市信息网络终端的人口、环境、经济、交通等多个方面的各种数据相互印证，互为补充，综合反映城市绿地的状态，提升数据量化分析的系统性和科学性。

四是决策效率的提高。“智慧城市”能通过信息的互联互通实现对数据的融合、分析和处理，全面感知城市绿地的整体服务水平，准确把握城市绿地存在的问题，继而主动、高效地作出决策响应，为科学优化城市绿地空间布局提供支撑。

五是实现全过程管理。通过信息系统实现对城市绿地的现状分析、项目选址、规划设计、建设实施、管理维护等环节的全过程支撑，也为提升城市绿地的服务水平提供保障。

可以预见，随着“智慧城市”在各地实践的逐步推进，城市绿地的建设实施模式将向着更为人性化、精准化、公平化和效率化方面不断改进提升。

## 9.4 园林及建筑技术的发展

绿地中的园林建设是对室外景观环境进行艺术化的人工设置，它是功能与艺术的结合体，是有生命的艺术，并将科学技术融于其中。

随着现代科学技术的发展，新的园林景观建筑技术、新的场地铺装材料及工艺、声光电技术、膜结构材料、GRC 人工假山制作、LED 灯在景观中的运用，以及人工湿地技术的广泛实施，促使园林艺术在设计观念与工程实施中不断创新，为游人活动的开展带来新的活力。

### 9.4.1 园林景观建筑

园林建筑是结合自然景观要素、运用人工的手法进行自然美的再创作，包括建筑工程、假山工程、道路桥梁工程、水景工程、绿化工程等，所有这些的实施都需要一定的结构、材料、施工、维护等技术手段，需要相应技术创新与发展的不断支撑。

目前，特种金属、钢筋混凝土、砖石等材料在现代景观建筑中应用较多，既能满足功能需求，也能给人造型独特、外表精致的感觉。园林建筑的选材，特别是材料的表面造型加工呈现出炫丽的纹理和精美的质感，给游客以美的享受。

### 9.4.2 园林铺装的艺术与技术

园林绿地中的游览是通过园路将各特色活动区域串联起来，使游人在全园游览中综合了视觉、听觉、嗅觉的多重感官体验。因此，园林铺装具有双重功能，既在物质功能的交通、活动承载等方面发挥作用，也作为一种景观元素，在改善园林绿地空间环境领域显示其独特的装饰性和艺术性。

传统园林多用石材、砖、卵石、木材等铺装材料，现代景观铺装材料除在功能上要满足人、车通行的承载强度、平整度、耐久性等方面的要求，也要满足人们日益提高的欣赏水平的需要。随着社会生产技术水平的不断发展，随之产生许多新材料和施工工艺，如混凝土面砖、彩色沥青混凝土、艺术地坪、透水性材料等，不但满足了现代园林功能上的需要，同时也丰富了铺装艺术形式，改善了生态环境。

### 9.4.3 声、光、电技术的运用对园林艺术的影响

随着技术的不断发展，声、光、电技术综合运用为园林绿地中夜景光源、灯具形式、喷泉水景和景物投影带来了不断的革新变化。声光电的运用不仅在夜景亮化方面为游人夜间活动创造一个良好的光照环境，装点城市环境，丰富场地氛围，同时还可以利用多种组合技术以灯光和声音为表现介质对绿地空间、园林建筑和城市中的重要标志物进行重塑。

### 9.4.4 膜结构

膜结构景观是现代高科技在景观领域中的体现。随着人们对地球环境变化的更加关注，天然的、不可再生的传统景观材料会逐渐被无污染、可再生循环利用的高科技材料所代替。因此，膜结构材料将在景观领域广泛应用。膜结构材料具有特殊的透光性，使白天的可见光更多地射入室内，形成室内外相同的光照环境；膜结构形式具有不同于传统建筑的标示性和构造特性，使其可成为某一区域独特的辨别标志性景观，如膜结构可以成为单曲面、多曲面等不同的结构形式，独特的曲面外形使其具有强烈的雕塑感，膜面通过张力达到自平衡，负高斯膜面高低起伏具有的平衡感使体形较大的结构看上去像摆脱了重力的束缚般轻盈地漂浮于天地间。正是由于膜结构具有以上特质才得以满足设计师与观众对景观建筑与艺术高度统一的要求。

### 9.4.5 塑石假山技术

我国从传统园林的建造就广泛地采用假山叠石模拟自然界的山水风光，传统造园是在利用大量土堆筑地形的基础上，堆叠天然景石等材料，以人工抽象化的艺术造型手法提炼自然山水的形态，完成园林空间的点睛创造。但随着时间的推移，一方面园林绿地建设中石材需求量增长，造型独特的自然景石产量逐渐供不应求，另一方面仅靠开山挖石的方式获得自然石材不仅成本逐年攀高，且优质山体生态环境也会受到难以恢复的重创。

在此种环境下，人工采用混凝土、GRC 等新型材料和新的施工工艺的人造石头以代替天然山石，这样不但能削减开山挖石等破坏环境的行为，同时也能更方便、快捷地完成绿地园林假山的堆叠造景。

### 9.4.6 人工湿地技术对园林艺术的影响

天然湿地具有物质生产功能，其生态物种繁杂多样，是鸟类、两栖、昆虫、鱼、蛇等爬行类动物的天然栖息地。湿地能吸入有害气体、吸附粉尘、净化并改善水质，成为重要的水源涵养地。但天然湿地的生态系统却非常脆弱，随着全球环境恶化，太多的水系污染使得自然状态的湿地系统逐渐消失殆尽。作为功能延续或弥补的人工湿地系统应运而生，人工湿地通过布置各类厌氧沉淀池、人工湿地塘床系统等一系列污水处理系统，除了承担一定的治污功能外，还兼有园林景观美学价值，吸引各种野生动物、徒步体验和观鸟人群，使游人享受模拟的生态野区环境。

# 10 结语

随着我国经济社会的快速发展和城市建设日益注重生态化和特色化，城市对绿地建设在品质和规模上的要求将越来越高。由于城市绿地在建设实施过程中涉及城市规划、园林、自然资源、林业等多个主体部门，同时，与其相关的配套法规及保障政策涵盖方方面面，不可避免会涉及从物质空间层面到政策制度层面的各种问题，所涉及的利益主体几乎涵盖各类社会成员。如何应对这些问题，使城市绿地应有的服务社会公众的基本功能效用最大化，是当今城市面临的共同问题。本文以福利经济学的视角，对城市绿地的建设实施机制和基于服务效用优先的建设实施模式进行探讨，这一跨学科的尝试在城市公共经济管理、城市规划的实施中具有一定的运用前景和现实意义，针对城市绿地的实施模式提出不成熟建议，抛砖引玉。相关路径的科学性、合理性以及研究结论都有待在实践中进行验证。相信在不久的将来，随着我国在城市公共产品领域的制度和实施保障机制的不断完善，像城市绿地这类服务于广大城市民众的公共产品建设水平将迈上一个新的台阶。

# 参考文献


[1] 方世南 . 建设人与自然和谐共生的现代化 [J]. 理论视野，2018（2）: 5-5.

[2] 李娟 . 济源市绿地系统景观生态规划研究 [D]. 焦作：河南理工大学，2007.

[3] 谢宇 . 川南地区地级城市绿地系统现状调查与规划评价 [D]. 重庆：西南大学，2010.

[4] 胡景诚 . 株洲市居住区绿化研究 [D]. 长沙：中南林业科技大学，2006.

[5] 许克福 . 城市绿地系统生态建设理论、方法与实践研究 [D]. 合肥：安徽农业大学，2008.

[6] 昝少平，朱颖，魏月霞 . 乌鲁木齐市已建园林绿地系统现状及其特点分析 [J]. 干旱区研究，2006.

[7] 张浪 . 特大型城市绿地系统布局结构及其构建研究 [D]. 南京：南京林业大学，2007.

[8] 刘立明 . 城市滨水公园景观研究 [D]. 南京：东南大学，2004.

[9] 王巧 . 基于减灾理念下的温黄平原城市绿地规划与设计研究 [D]. 武汉：华中农业大学，2010.

[10] 苏薇 . 开放式城市公园边界空间设计研究初探 [D]. 重庆：重庆大学，2007.

[11] 姜子峰 . 城市绿地外部经济效应内部化 [D]. 南京：南京林业大学，2009.

[12] 兰伟 . 两种野生菊缓慢生长离体保存研究 [D]. 南京：南京农业大学，2009.

[13] 胡永胜 . 生态环境设计理论与实践 [D]. 天津：天津大学，2009.

[14] 方微波 . 生态量化与城市绿地系统构建研究 [D]. 武汉：华中科技大学，2008.

[15] 王镇峰 . 重庆市体育公共服务供给现状及对策研究 [D]. 武汉：武汉体育学院，2013.

[16] 朱祥波，董萌 . 浅议城市社区公共物品供给 [J]. 合作经济与科技，2008.

[17] 杨德进，徐虹 . 城市化进程中城市规划的旅游适应性对策研究 [J]. 经济地理，2014.

[18] 张浪 . 特大型城市绿地系统持续发展模式与结构布局理论 [M]. 北京：中国建筑工业出版社，2009.

[19] 杨保军 . 城市规划 30 年回顾与展望 [J]. 城市规划学刊，2010（1）：14-23.

[20] 赵纪军 . 新中国园林政策与建设 60 年回眸（一）[J]. 风景园林，2009（1）：102-105.

[21] 全国城市建设统计年鉴（2002—2017 年）[M].

[22] 武汉市城市总体规划（2010 年版）[Z].

[23] 深圳市绿地系统规划（2004—2020 年）[Z].

[24] 上海城市总体规划（2017—2035 年）[Z/OL].http：//www.shanghai.gov.cn/newshanghai/xxgkfj/2035001.pdf.

[25] 《深圳市城市总体规划（2010—2020 年）》《深圳市福田区分区规划（1998—2010 年）》《深圳市罗湖区分区规划（1998—2010 年）》《深圳市南山区分区规划（1998—2010 年）》《深圳市龙岗中心组团分区规划（2005—2020）》《深圳市宝安中心组团分区规划（2005—2020）》

[26] John M.Levy.Contemporary Urban Planning[M].Prentice Hall，Englewood Cliffs，N.J 1988.

[27] 刘欣 . 伦敦绿化经验及其对北京的启示 [J]. 北京人大，2013（10）：44.

[28] 张庆费，等 . 伦敦绿地发展特征分析 [J]. 中国园林，2003（10）：55.

[29] 张晓佳 . 英国城市绿地系统分层规划评述 [J]. 风景园林，2007（3）：74-77.

[30] 何梅，汪云，夏巍，李海军，林建伟 . 特大城市生态空间体系规划与管控研究 [M]. 北京：中国建筑工业出版社，2009.

[31] 贾俊，高晶 . 英国绿带政策的起源、发展和挑战 [J]. 中国园林，2005（3）：69-71.

[32] 朱金，蒋颖，王超 . 国外绿色基础设施规划的内涵、特征及借鉴——基于英美两个案例的讨论 [C]. 2013 中国城市规划年会论文集：1-15.

[33] 叶松 . 福州城市滨水空间的都市型绿道建设初探——以福州市南江滨堤外公园绿道设计为例 [J]. 绿色人居，2014（6）：13-16.

[34] 方家，吴承照 . 美国城市公园与游憩部的地位和职能 [J]. 中国园林，2012（2）：114-117.

[35] Nina Rappaport，Brook Denison，Nicholas Hanna.Yale School of Architecture Edward P.Bass Distinguished Visiting Architecture Fellowship Learning in Lasvegas Charles Atwool/David M.Schwarz，2010：100.

[36] 刘蕾 . 美日城市绿地规划中公众参与机制研究与启示 [C].2017 中国城市规划年会论文集：942-954.

[37] 韩旭 . 深圳市城市公园特征及衍化研究 [D]. 广州：中山大学，2008：89.

[38] 黄元浦 . 从国际花园城市竞选看城市现代化 [C]. 中国建筑学会成立 50 周年暨 2003 年学术年会，2003（10）.

[39] 姚兆祥，梁日凡 . 借鉴新加坡城市绿化经验探讨我国节约型园林建设模式 [J]. 广西职业技术学院学报，2009（6）：9.

[40] 胡明杰 . 新加坡城市公共空间的规划理念借鉴 [J]. 华中建筑，2012（7）：142.

[41] 姜洋 . 城市绿地系统规划浅析 [J]. 城市道桥与防洪，2013（3）：187-191.

[42] 盛鸣 . 新时期深圳市绿色空间规划与管理的新思维 [J]. 规划师，2012（2）：70-74.

[43] 刘冰冰，洪涛 . 公共开放空间规划与管理实践——以深圳为例 [C]. 2015 中国城市规划年会会议论文集，2015（9）：535-542.

[44] 刘妙桃，苏雯 . 杭州生态环境建设的成就及其动因 [J]. 生态经济，2010（2）：426-430.

[45] 杭州入选国家生态园林城市 [N/OL]. 浙江新闻 http：//zjnews.zjol.com.cn/zjnews/hznews/201711/t20171101_5498266.shtml.

[46] 杨保军 . 规划新理念——雄安新区规划体会 [N/OL]. 中国城市规划网，2018-11-25.

[47] 王菲，董婕，周叶佳 . 居民对于城市公园绿地认知的社会分异研究——以苏州为例 [J]. 现代园艺，2017（8）：26-28.

[48] 陈爽，王丹，王进 . 城市绿地服务功能的居民认知度研究 [J]. 人文地理，2010（4）：55-59.

[49] 孙晓春 . 转型期城市开放空间与社会生活的互动发展研究 [D]. 北京：北京林业大学，2006.

[50] 杨枫 . 德国空间规则体系解析——实行四级规划重视存量土地利用 [J]. 中国国土资源报，2004.

[51] 邹兵 . 增量规划、存量规划与政策规划 [J]. 城市规划，2013（2）：35-55.

[52] 施卫良，邹兵，金忠民，等 . 面对存量和减量的总体规划 [J]. 城市规划，2014（11）：16-21.

[53] 2013 中央城镇化工作会议 [N/OL]. 新华网，2013-12.

[54] 胡迎春，曹大贵. 南京提升城市品质战略研究 [J]. 现代城市研究，2009（6）：63-70.

[55] 潘家华，魏后凯 . 城市蓝皮书：中国城市发展报告 No. 3（2010）[M]. 北京：社会科学文献出版社，2010：136-350.

[56] 罗小龙，许璐. 城市品质：城市规划的新焦点与新探索 [J]. 规划师，2017（11）：5-9.

[57] 胡耀文，尹强 . 海南省空间规划的探索与实践——以《海南省总体规划（2015—2030）》为例 [J]. 城市规划学刊，2016（3）：55-62.

[58] 张克 . “多规合一” 背景下地方规划体制改革探析 [J]. 行政管理改革，2017（5）：30-34.

[59] 赵绘宇 . 国务院机构改革自然资源和生态环境“大部制”新使命 [N]. 澎湃新闻，2018-04.

[60] 刘颂，姜允芳 . 城乡统筹视角下再论城市绿地分类 [J]. 上海交通大学学报，2009（6）：272-278.

[61] 刘颂 . 转型期城市绿地系统规划面临的问题及对策 [J]. 城市规划学刊，2008（6）：79-82.

[62] 王唯山 . 机构改革背景下城乡规划行业之变与化 [J]. 规划师，2019（1）：5-10.

[63] 罗彦，蒋国翔，邱凯付 . 机构改革背景下我国空间规划的改革趋

势与行业应对 [J]. 规划师，2019（1）: 11-18.

[64] 中华人民共和国国务院 . 国务院关于加强城市绿化建设的通知 [Z]，2001-05-31.

[65] 何流 . 以规划制度的设计，推动空间治理体系现代化 [N/OL]. 中国城市规划网，2018-11-29.

[66] 牟永福 . 城市公共物品供给的“空间失配”现象及其优化策略分析 [J]. 福建论坛（人文社会科学版），2008（6）: 127-131.

[67] 项珊珊 . 划拨建设用地使用权制度存在的缺陷及完善构想 [J]. 浙江国土资源，2009（4）: 38-39.

[68] 葛国川，陈耀荣，石小俊 . 北仑区农村公共卫生建设中公私（民）合作模式应用研究 [J]. 中国农村卫生事业管理，2007（8）: 2.

[69] 王盛，王宝珠 . 城市生态绿化项目的政府投资方式改革——基于绿地建设与房产开发商的利益互动关系研究 [J]. 科学发展，2012（6）: 98-106.

[70] 程富花，陈天 . 城市公共绿地开发经营模式探讨 [J]. 青岛理工大学学报，2007（3）: 54-57.

[71] 赵勇 . 亲和性城市公共游憩空间的系统建构研究 [D]. 武汉：武汉大学，2011.

[72] 张欣旻，程富花 . 我国大中城市公共绿地开发经营模式探讨 [J]. 特区经济，2009（2）: 237-238.

[73] 丁树奎 . 增强城市轨道交通事业对民间资本吸引力的研究 [D]. 成都：西南交通大学，2006.

[74] 陈建平，严素勤，周成武，周俐平，李荣华，马进 . 公私合作伙伴关系及其应用 [J]. 中国卫生经济，2006（2）: 80-82.

[75] 林志聪 . 论城市环境公共产品市场供给的公共风险规避 [J]. 湖南广播电视大学学报，2012（1）: 72-77.

[76] 聂华 . 我国林业资源配置中的帕累托改进 [D]. 第二届中国林业经济论坛会议论文，2004.

[77] 陈爽，王丹，王进 . 城市绿地服务功能的居民认知度研究 [J]. 人文地理，2010.

[78] 范修斌 . 江门市招商引资过程中的政府行为研究 [D]. 广州：华南理工大学，2012.

[79] 周春辉 . 关于“顶层设计”的思考——以城市规划建设为例 [J]. 中州大学学报，2017，34（3）: 69-72.

[80] 徐人良，陈小瑛 . 践行绿色发展理念 推动生态文明建设 [C]. 中国可持续发展论坛论文集，2012.

[81] 千庆兰，陈应彪 . 城市绿地时空演化及空间布局模式研究 [J]. 人文地理，2002（10）.

[82] 高盛鑫 . 生态城市协调治理对策的研究 [D]. 南京：南京林业大学，2008.

# 后　记

经过无数个日日夜夜的精心打磨，这本凝结着我们几个作者心血的书稿终于完成了。回首过往，在工作了十多年之后，我们几位作者下定决心，进行一次跨专业的合作，把我们这些年来的工作实践及思考总结成册。在整本书的撰写过程中，我们以书为媒介，利用这一宝贵的机会，重新补充知识的养分，拓宽自己的眼界，虽然过程是那样的艰辛，但知识碰撞出火花后又能获得如此多的快乐，甚为幸运！

生态兴则文明兴，生态衰则文明衰。身处大变革、大发展的年代，生态绿地规划建设也必然迎来各个层面的大融合、大创新！选择这一研究课题，一方面是因我们几个作者确有十几年的工作积累，另一方面则是意识到与时代同命运、与社会共发展的规划师的责任感。本书一方面通过尽可能了解、掌握世界最新的学术动态，把握前沿理论动向与发展轨迹；另一方面则通过尽可能地结合项目实践，总结分析当前规划实施的主要困难与矛盾，希望由此更加清晰、客观地阐明当前我国城市绿地建设的系统机制，并建立起一种普识基础之上的社会价值认同，推动城市绿地向更科学、理性的方向发展，真正实现与社会共发展、共进步。

正如文中所述，城市绿地作为城市规划建设的一项重要内容，本身也是一个非常复杂的系统工程，涉及社会、经济、生态、管理等诸多方面。对其展开研究不仅需要多个相关学科的融会贯通，还需要具备大量的实践经验积累。本书的写作参考了大量的学术文献与专著，引用了相关学界众多专家、学者的学术成果，毫不讳言，我们几位作者更多的是站在前人的肩膀上前进，并努力地前进，哪怕只有一毫米。

感谢几位作者的通力配合，确保书稿如期完成。几位作者在各自专业领域具有较为深厚的造诣，同时，在合作过程中所表现出来的精益求精的态度更是令人钦佩，也使我收获颇多。

囿于水平，本书难免存在不足与疏漏，敬请广大读者批评指正，以帮助我们能做得更好。我们将把大家的支持、鼓励和批评化为工作的动力，继续为我国城市生态绿地建设事业践行、努力。

本书作者

2019 年 7 月